心理学让你内心强大

王敏◎编著

中国纺织出版社有限公司

内 容 提 要

一个人只有告别脆弱，做到内心强大，才能真正无所畏惧。只有内心强大，才能成为生活的强者，人生的赢家；才能在人生路上无论遇到什么困难都能心无旁骛、努力向前，才能把握幸福。

这是一本帮助我们进行心灵归位的暖心之作，帮助我们自立自强、戒骄戒躁，寻找幸福生活的身心修养励志之书。全书从心理学的角度出发，深入浅出地讲授了如何成为内心强大的人的"必修心理课程"，引导广大读者把智慧融入生活，获得幸福的人生。

图书在版编目（CIP）数据

心理学让你内心强大／王敏编著. --北京：中国纺织出版社有限公司，2024.2
ISBN 978-7-5229-0732-1

Ⅰ.①心… Ⅱ.①王… Ⅲ.①心理学—通俗读物 Ⅳ.①B84-49

中国国家版本馆CIP数据核字（2023）第124361号

责任编辑：柳华君　　责任校对：江思飞　　责任印制：储志伟

中国纺织出版社有限公司出版发行
地址：北京市朝阳区百子湾东里A407号楼　邮政编码：100124
销售电话：010—67004422　传真：010—87155801
http://www.c-textilep.com
中国纺织出版社天猫旗舰店
官方微博 http://weibo.com/2119887771
天津千鹤文化传播有限公司印刷　各地新华书店经销
2024年2月第1版第1次印刷
开本：880×1230　1/32　印张：6.5
字数：113千字　定价：49.80元

凡购本书，如有缺页、倒页、脱页，由本社图书营销中心调换

前言

生活中，你是否有这样的感受：为什么我这么努力，过得还是这么差？为什么我没有好的出身，可以让我的生活条件更好一点？为什么我的努力上司总是看不到？为什么孩子这么不听话？为什么别人的生活就那么幸福？为什么别人的孩子就那么听话？为什么我的爱人根本不理解我……你什么都抱怨，什么都想要，但到最后什么也没得到，而人生中的各种关系也纷乱如麻。总之前途渺茫，虽怀揣梦想却被时代裹挟其中，无力感、种种不如意如影随形。

其实，你之所以有这样的"无力感"，来自你的内心不够强大。正因为如此，你的情绪才容易受到周遭事物的影响，才会盲目攀比、无尽地抱怨，生活在阴暗之中。相反，那些幸福、成功的人，他们都有一个强大的心灵，总是敢于走自己的路。在他们追求幸福、成功的道路上，也会遇到他人的非议、怀疑甚至是攻击。但无论遇到什么，他们都会听从内心的声音、坚持自己的信念、注重心灵的充盈，勇往直前，从不畏惧。而正是这样专注的精神，让他们免于忧虑，触摸和感受到了真正的幸福。

哲人说，人生最大的敌人其实就是自己。我们的内心会为自己设置非常多的障碍，从而让自己一生都在不快乐中挣扎。可以说，征服自己是练就强大心灵的前提。所以，不要急于打败对手，打败别人。如果你能够打败自己，打败自己的偏见、固执、懒惰，打败自己内心的自我限制，征服自己，你就会觉得自己比之前升华了，冲出了自己设置的藩篱，这样的方法，比任何一种竞争都能使你更快获得进步。

有人说"英雄征服世界，圣贤却征服自己"。这是中国文化的传统精神。征服世界不容易，那么，征服自己又有什么难的呢？只要恰当地运用心理学的方法、运用潜意识的力量，就能让你的内心发生焕然一新的变化。那么，现在你是否需要这样一位心理导师呢？这就是我们编写本书的初衷。

这是一本帮你重启心灵之门的智慧之书。本书从心理学的角度出发，告诉广大的读者朋友们成功的人生来自强大的心灵，并帮助你找到让心灵归位的方法，让我们每个人都能变得强大，能更好地去应对这个世界。当然，本书并不是能让你的内心坚不可摧，但是它足以帮助你更加了解自己的内心，并掌握面对困境的方法。

编著者

2022年11月

目录

第 01 章　激发心理力量：做最勇敢的自己　001

绝不放弃，才能获得你想要的结果　002
认清优势，才能形成自己的声音　003
内心强大，你就拥有幸福的资本　005
永葆激情，敢于逆流而上　006

第 02 章　以小见大：洞悉细微心理现象背后的奥秘　009

从众心理："随大流"可能会让你一事无成　010
詹森心理：偶尔的发挥失常是怎么导致的　014
犹豫心理：犹豫不决只会让机会白白溜走　016

第 03 章　正确认知自我：释放真实的自己　021

释放心灵，不要随意地否定自己　022
欣赏自己，开启全新的心灵探索之旅　025

你了解真实的自己吗 028
与自己的心灵对话 030

第 04 章 掌控自己的大脑：有自己的主见，别人云亦云 035

控制自己，不要因他人之言心生动摇 036
勇于说"不"，学会拒绝他人 040
把持自己，让思维具有远见性 043
坚信自己，不盲目跟随他人 047

第 05 章 消除心理恐惧：懂点心理定律让你更强大 053

绝境定律：时刻提醒自己，防止成长停滞 054
期望定律：超强的信念，是成功的前提 056
重复定律：不断重复能提升你的实力 059

第 06 章 剖析心灵秘密：了解心理效应帮你探寻自我 063

鸟笼效应：心一旦被笼子束缚，就难以自我突破 064
鲇鱼效应：积极的竞争机制，是获得活力的动力 066
跳蚤效应：人生的高度取决于心理高度 068

第 07 章　矫正享乐心理：主动吃苦，训练身心　071

"命好使人废"，去拥抱你的困难　072
玩物丧志，用理性纠正玩乐心态　076
少一分享乐，多一分忍耐　080

第 08 章　运动起来：锻炼身体也是对心灵的磨炼　085

生命在于运动，身体不动心也会变懒　086
锻炼身体也是磨炼心灵　090
意志力有极限，要合理使用　093
运用解压法，在汗水中重生　097

第 09 章　抵制身心懒散：通过心理调节锻炼意志力　101

危险和诱惑是对意志力的两种威胁　102
美好人生从自控开始　105
锻炼意志力，消除懒惰　109

第 10 章　控制内心的欲望：抵御美食诱惑的心理能量　113

吃一块糖和两块糖的区别　114
一味地节食减肥并不可取　117
实现用心理战胜嘴巴　121

抵御美食的诱惑是实现自控的第一步　　　　　125

第 11 章　主动屏蔽外界干扰：获得超强的自主学习能力　129

学习能力与你的自制能力成正比　　　　　　130
做到"两耳不闻窗外事"，训练专注能力　　　133
戒除浮躁，沉淀下来才能安静学习　　　　　138
调节内心，让学习不再枯燥　　　　　　　　142

第 12 章　克服拖延心理：从心底根除拖延意识　147

绝不找借口，不给自己的懒惰让路　　　　　148
立即去做，开启战斗模式让拖延无所遁形　　151
行动有方向，能防止拖延滋生　　　　　　　155
拖延会让人生一事无成　　　　　　　　　　159

第 13 章　战胜自私心理：与人为善，拓展胸怀　165

心存善意，让自己变得豁达　　　　　　　　166
探究潜意识自私心理存在的源头　　　　　　168
凡事多替他人着想，逐步克服自私心理　　　171
相信自己，你可以拥有大海一般的胸怀　　　175

第 14 章　戒除不良习惯：破除坏习惯，才能建立好习惯　181

控制情绪，从调整心态开始　182
烟酒伤身，要戒除对其依赖的心理　187
停止幻想从小事做起　191

参考文献　195

第 01 章

激发心理力量：做最勇敢的自己

心理学让你
内心强大

绝不放弃，才能获得你想要的结果

一位心理学家说，生活真是有趣：如果你只接受最好的，你就会得到最好的。只要你敢于坚持，往往都能获得自己想要的结果。

有一个人经常出差，经常买不到对号入座的车票。可是无论长途短途，无论车上多挤，他总能找到座位。

他的办法其实很简单，就是耐心地一节车厢接着一节车厢找过去。这个办法听上去似乎并不高明，却很管用。每次，他都做好了从第一节车厢走到最后一节车厢的准备，可是每次都不用走到最后就会发现空位。他说，这是因为像他这样锲而不舍地找座位的乘客实在不多。经常是在他落座的车厢里尚余若干座位，而在其他车厢的过道和车厢接头处却人满为患。

大多数乘客轻易就被一两节车厢拥挤的表面现象所迷惑，不细想在数十次停靠之中，在火车十几个车门上上下下的流动中蕴藏着多少提供座位的机遇；即使想到了，他们也没有那一份寻找的耐心。眼前的一块小小立足之地很容易让大多数人满足，为了一两个座位背着行囊挤来挤去，有些人也觉得不值得。他们还担心万一找不到座位，回头连个好好站着的地方也没有了。

与生活中一些安于现状、不思进取、害怕失败的人，最终只能永远滞留在没有成功的起点上一样，这些不愿主动找座位的乘客，大多只能在最初的落脚之处一直站到下车。长长的车厢就像是我们的人生旅途。一开始我们都要用自己稚嫩的肩膀去扛起沉甸甸的梦想，在前行的过程中我们承受着一次又一次的失败，在实践中我们迷失过，彷徨过，想放弃人生要到达的终点。可是最终我们没有选择放弃，因为我们知道，生活就是在实践的反反复复中找到方向，没有尝试过，就永远不会知道原来生命中还有那么多的可能和希望。于是，我们勇敢着，自信着，执着着，一路风尘地奔向属于我们的未来。

宋代诗人陆游有云："纸上得来终觉浅，绝知此事要躬行。"心理学家分析说，有过一次失败经历的人会对成功更有把握。失败后对成功的再次冲击，将教会你如何调整自己的方法、情绪和目标，使你更加有经验，更加从容地去面对走向成功旅途中的重重困难。

认清优势，才能形成自己的声音

生活中的每个人都要努力展现自己杰出的一面，这是心理的需求，更是生存的需要。那些大声地对自己说，我就是独一无二的人；那些在困难面前，勇敢地站出来的人，他们都能在别人束手无策的时候，发出自己的声音，展现自己的思想和才华。

麦蒂是一名心理学教授。有一天，他来到精神病院考察，了解精神疾病患者的生活状态。一天下来，他觉得这些人疯疯癫癫，行事出人意料，可算大开眼界。在准备返回时，他发现自己的车胎被人卸掉拿走了。"一定是哪个患者干的！"麦蒂这样愤愤地想着，动手拿出备胎准备装上。这时他发现事情更严重了。卸下车胎的人居然将螺丝也拿走了。没有螺丝，有备胎也没用啊！麦蒂一筹莫展。在他着急万分的时候，一名患者蹦蹦跳跳地过来了，嘴里唱着不知名的歌曲。他发现了困境中的教授，停下来问发生了什么事。麦蒂不想理他，但出于礼貌还是告诉了他。

患者哈哈大笑说："我有办法！"他从每个轮胎上拧下一个螺丝，这样就拿到三个螺丝将备胎装了上去。麦蒂惊奇感激之余，大为好奇："请问你是怎么想到这个办法的？"患者嘻嘻哈哈地说道："我是病人，可我不是呆子啊！"

我们在与他人交往时，总会根据他人的面容、穿着、身份、语言等特征有一个先入为主的认识和评价。很多时候，这种主观的认识是错误的。就如故事中的麦蒂一样，他的聪明才智远胜于一名患者，但在关键时刻，思维的反应却不及这名患者。

从案例中我们也可以看到，每个人都有自己的强项和弱项。也许麦蒂的逻辑思维比较强，适合搞科研，而患者的发散思维更好、灵感更多，更适合搞艺术。其实每一个人都有自己杰出的一面，不要因为别人的外貌、学历等不如你就产生轻视心理，也不要因为自己表面上看起来寒酸或地位卑微就心生自卑。一个人，当他发现自己的优势，释放它、让它闪光时，他的人生就会大不相同，心理也会更趋向于积极和乐观。

内心强大，你就拥有幸福的资本

懂得一笑置之的人，通常有着一颗坚强的心。面对悲痛，当你能一笑而过时，也就意味着你将会有更大的幸福。

心理学家称：情绪影响行为。把握住自己的情绪，就能找到幸福的感觉。保持平衡的心态，用平和的心态处事，你就能做最快乐的自己。

一位妇人，她几乎经历了一个普通女人所能经历的所有不幸：幼年时父母先后病逝，好不容易找到了工作，又因不同意做厂里某领导人的儿媳而被挤出厂门，嫁给了当兵的丈夫，婆婆却对她十分苛刻，婆婆过世后丈夫又因意外离她而去。现在，她领着女儿独自度日，似乎过得十分宁静。

一个阳光明媚的日子，她的朋友去她家闲坐，女儿在一边玩耍。她们边聊天边和小姑娘逗笑，不经意间触动了往事。朋友赞叹她遭遇这么多挫折却活得如此坚强平和。她笑笑，给朋友讲了一个故事：

两个老裁缝去非洲打猎，路上碰到一头狮子。其中一个裁缝被狮子咬伤了，没被咬伤的那位问他："疼吗？"受伤的裁缝说："当我笑的时候才感到疼。"

"我也是这样的。"妇人对朋友笑道,"我被狮子咬了许多口,但我的一贯原则是,忍着痛。笑也好,哭也好,只要有感觉就有生命,只要有生命就有灵魂,只要有灵魂就有生存的意义、希望和幸福。"

心理学家告诉我们:当我们用"世上无难事"的人生观来思考问题时,每件让我们烦恼的事情都不再是煎熬。不可抗拒的困难有很多,但是,如果我们带着一颗坚强乐观的心,人生就会变得格外美好。

一位伟人曾经说过:"要么你去驾驭生命,要么是生命驾驭你。你的心态决定谁是坐骑,谁是骑师。"事情既然已经发生了,并且无法改变,那我们就应该吸取教训,以积极的心态对待接下来的生活。当你突然得到了身外之物时,一定要保持平和的心态,不要因为过度开心就忘乎所以。在遇到灾难时,也要学会尽快解脱,不要整天沉浸在悲痛之中。

永葆激情,敢于逆流而上

奋斗是人生永恒的主题。即使是那些功成名就的人,丢失了奋斗的激情,也会失去人生中大部分的快乐。

一位女士在回忆父亲时这样写道:

父亲退休时已有60多岁了。在那以前,他做了30多年乡间邮差,一个星期有6天他都跋涉在山区里,为人们送信。

在他80岁生日时，我写给他一封信，信中特别说了几句表示孝心的话。我说我们全家人都希望他身体健康，心情愉快，能够在欢乐中安度晚年。总之，我希望他永远快乐。信的最后，我建议他和母亲不要再干活了，应当完全放松自己，好好歇息。我认为，父亲操劳了一辈子，现在他们终于有了舒适的生活和丰厚的退休金，几乎有了他们想要的一切，应该学学如何享受生活了。

后来，父亲回信了。他首先感谢我的好意，然后笔锋一转："虽然我很感谢你的赞美，但是你让我完全放松自己的建议却吓了我一跳。"父亲承认没人喜欢走坑洼不平的路，"但是如果我事事都顺心如意，遇不到任何困难的话，那或许是世界上最糟糕的事了。"

父亲在信中写道："人生的意义不在于马到成功，而在于不断求索，奋力求成。每一件有意义的事都需要我们以坚定的信念去完成，这样我们的生活才会更加充实，意志更加坚强。"

从流畅的行文中，我似乎看到了父亲写信时高兴的表情："我们一生中最美好、最愉快的日子，不是还清了所有欠款的时候，也不是我们真正得到这套靠血汗换来的住所的时候，这些都不是。我记得在很多年前，我们全家挤在一套很小的住宅里。为了糊口，我们拼命工作，根本分不清白天还是黑夜。直到现在，我都不明白当时为什么不知道累，又觉得生活是那么美好。我想大概是因为我们那时是在为生存而奋斗，是为保护和养活我们所爱的人而拼搏吧。"

心理学家说，每个人做事都渴望一帆风顺，但这是很难实现的。因此我们不要去苛求生活中没有艰辛，而要理解人生的意义不在于马到成功，而在于不断求索的道理。人活着就需要不断奋斗，不管你年龄几何，不管你家境如何，只有奋斗，才能让你感受到生活的价值和生存的意义。

生活中的很多年轻人都深深懂得奋斗的意义和价值，他们不做生活的旁观者，而是努力做生活的参与者、主宰者。年轻时，你需要告诉自己：生活重要的是追求，而不是到达。我们要拒绝平淡，告别无为，让我们的青春在阳光下真正地飞扬起来，激荡起来。奋斗是一支水彩笔，在青春的舞台上，要充满热情地挥舞自己手中的画笔，努力描绘自己美好的未来。

第 02 章

以小见大：洞悉细微心理现象背后的奥秘

心理学让你
内心强大

从众心理："随大流"可能会让你一事无成

"从众"是一种比较普遍的社会心理和行为现象。通俗的解释就是"人云亦云""随大流"；大家都这么认为，我也就这么认为；大家都这么做，我也就跟着这么做。人是群居的动物，因此，人的从众心理更为强烈。

有一位心理学家曾做过这样一个简单的实验：在一个繁华的闹市区，他站在人头攒动的街道上，抬头看着湛蓝的天空，若有所思地托着下巴，不时地发出肯定的声音。他的举动渐渐受到街上行人的注目。起初是因为好奇，有人过来询问心理学家在干什么，他缄口不言，依旧保持着仰望的姿态。过了几分钟，围观的人越来越多。他的身边站了十几个人，他们也在那里往天空看，虽然其间也有人转身离去，但离开的人远远不如加入的人多。半个多小时过去了，这个路口聚集了几百人，在从众心理的作用下，他们做出同一个举动——抬头仰望蓝天。

这个实验虽然是一个个例，其中也有好奇心理的作用，但不可否认，从众心理对这一行为起着主导作用。

这是从众心理在现实生活中的一个表现。美国心理学家所罗门·阿希在多年前也曾设计实施了一项实验,用以研究从众心理。后来,这个著名的实验就以阿希的名字命名。

在心理学领域,"阿希实验"是研究从众现象的经典实验,是指个体受到群体的影响而怀疑、改变自己的观点、判断和行为等,以和他人保持一致。阿希实验是研究人们会在多大程度上受到他人的影响,而违心地进行明显错误的判断。

在实验开始之前,阿希发布消息,招募了几名大学生志愿者。他告诉他们这个实验的目的是研究人的视觉情况。当某个来参加实验的大学生走进实验室的时候,他发现在他之前已经有5个人先到了,并依次就座,他只能坐在第6个位置上。事实上,其他5个人是跟阿希串通好了的实验人员,也就是我们现在俗话说的"托儿"。

当被测试者就位后,阿希拿出一张画有一条竖线的卡片,然后让大家比较这条线和另一张卡片上的3条线中的哪一条线等长。阿希要求他们判断了18次,事实上这些线条的长短差异很明显,普通人很容易做出正确判断。

然而,在2次正常判断之后,5个"托儿"故意异口同声地说出一个错误答案。于是被测试者开始迷惑了,是坚定地相信自己的眼力呢,还是说出一个和其他人一样,但自己心里认为不正确的答案呢?

不同的人会有不同程度的从众倾向。但从总体结果看,平均有33%的人的判断是从众的,有76%的人至少做了一次从众的判断,而在正常的情况下,人们判断错的可能性还不到

1%。当然,还有24%的人一直没有从众,他们按照自己的正确判断来回答。

在印度流传着这样一个故事:

在很久以前,有一个婆罗门对祭祀特别虔诚。有一次,他从别的村庄找了一只又肥又大的羊,准备回去用它举行祭祀仪式。

有三个流氓看到了他扛着这只又大又肥的羊。他们垂涎三尺,就密谋分别从三条路迎面向这个婆罗门走去,施计得到这只羊。

第一个流氓碰到婆罗门说:"哎呀,你怎么做这样可笑的事,把一只肮脏的狗扛到肩上。" 婆罗门非常生气地对他说:"你瞎眼了,把祭祀的羊看成狗。"流氓就说:"婆罗门,你不听我的话,我也没有办法。你自己愿意就随便你好了。"说完,这个流氓走了。

没走多远,第二个流氓走了上来。对婆罗门说:"哎呀,你就是再喜欢一只死了的狗,也不要把它扛在肩上呀。这不太好吧!" 婆罗门非常气愤,对他说:"你怎么把祭祀的羊看成狗,真是瞎了眼。"那个流氓说:"婆罗门,你不要发火,你自己愿意别人也管不了呀。"说完也走了。

又没走多远,第三个流氓走了上来。他对婆罗门也说着同样内容的话,硬是把一只羊说成是一条狗。婆罗门也把他怒骂了一通。

三个流氓走了之后,婆罗门就不断地想着他们三人的话。

"这明明是羊啊。他们三人为什么都说这是一只死狗呀?"他又想,"不好,这如果真是只死狗,我还把它扛在肩上,实在是太可怕了。因为碰到死狗的人会遭遇不测呀!"

婆罗门边走边想,越想越害怕,这要真是一只死狗怎么办。最后,他说服不了自己了,竟真以为自己扛的是一只死狗。他赶忙停了下来,扔掉了这只自己亲手讨来的肥羊,然后一路跑着回家了。他要回去把满身的秽气和不吉利赶紧洗掉。

三个流氓看着婆罗门把羊扔掉,终于如愿以偿。他们三人兴高采烈地扛着那只肥羊走了,然后美美地饱餐了一顿。

从众心理在人们的生活中普遍存在。现代心理学家解释说,从众心理是指由一个人或一个团体真实的或是臆想的压力所引起的人的行为或观点的变化。表现为在没有分清正误的大多数人的一致判断面前,轻易否定了自己的观点,以此博得别人的认可。这就是我们平常所说的"随大流"。

从众心理在日常生活中经常显现。如论证某一观点时,大多数人意见一致,自己若与之不同,就会感到被孤立,内心不安,开始忐忑,最终从众。心理学家通过进一步研究发现,不同类型的人,从众行为的程度也不一样。一般来说,女性多于男性;性格内向、自卑感强的人多于外向、自信的人;文化程度低的人多于文化程度高的人;年龄小的人多于年龄大的人;社会阅历浅的人多于社会阅历丰富的人。

詹森心理：偶尔的发挥失常是怎么导致的

在现实生活中，我们经常能发现这样一种现象：有些学生，平时考试成绩一直很优秀，上课时的表现也经常被老师称赞，是成绩优秀的尖子生；有些运动员，在备战时，成绩已经打破了世界纪录，是夺金的热门选手。可到真正比赛时，取得的成绩却很难令人满意，甚至让人大跌眼镜。这种受某些因素影响，在关键时刻不能完全发挥自身水平的现象，心理学家称为"詹森效应"。

之所以用詹森的名字命名，来源于这样一个小故事：

有一名叫丹·詹森的运动员，平时训练非常刻苦，实力雄厚，但在体育赛场上却连连失利。经过分析，人们发现他平时表现十分良好，但由于缺乏应有的心理素质而导致竞技场上的失败。从此，"詹森效应"就被心理学家广泛研究。

詹森效应可以被视为人的一种浅层的心理失常，是将现有的困境无限放大的心理异常现象。

翻看中国运动员参加历届大赛的战绩史，受詹森效应影响的人也不难找到。2004年雅典奥运会，当时被寄予夺金厚望的中国男子体操运动员李小鹏，在男子单项比赛中发挥失常，仅获得一枚双杠铜牌。据媒体报道，他曾在2003年世界体操锦标赛获得了两个项目的冠军，而且他也是2000年悉尼奥运会的双杠金牌得主。因此我们不能说他没有夺金的实力。事实上，他在赛后接受采访时表示，这次发挥失常的主要原因是某些特殊情况给自己带来了较大的压力，心理紧张。

同样是在这届奥运会上，中国女排以3∶2战胜俄罗斯队，赢得了奥运冠军，又一次成为国人的骄傲。女排精神在中华人民共和国国歌奏响、国旗升起的时刻，又一次光彩绽放。

在这场比赛中，中国女排开局就处于被动。在没有调整过来的前提下，先负于俄罗斯队两局，不能再失局的中国队在第三局并没有出现人们意料中的慌乱，打得依然有板有眼，除了其间出现一次平分外，比分更是一路压着对手。就这样，赢回信心的中国姑娘笑到了最后。由此，我们不得不说是中国女排良好的心理素质战胜了对手。很多运动员总结：在胜败取决于最后几个球的关键时刻，谁能保持沉着冷静的状态，拥有更好的心理素质，谁就能赢得最终的胜利。

随着奥运会影响力的扩大，某些国家为了提升运动员的实力和战绩，请心理学研究人员深入分析这些一到大战就表现平平的运动员的心理特征，得出了以下结论："实力雄厚"与"赛场失误"之间的唯一解释是心理素质问题，主要原因是得失心过重和自信心不足。

有些平时"战绩累累"、出类拔萃的运动员，由于受到各方面寄予的强烈厚望，形成一种心理定式：只能成功不能失败。再加上赛场的特殊性，使其患得患失的心理加剧，心理包袱过重。如此强烈的心理得失困扰着自己，怎么能够发挥出应有的水平呢？另外，在心理压力的作用下，比赛的信心也会受到较大的影响，由此产生怯场心理，束缚了潜能和能力的发挥。

心理学家说，"詹森效应"在各类人身上都有体现。特别是当他们面对重大、关键的场合时，紧张的氛围、无形的压力等因素，潜移默化地敲击着他们的内心，使他们发挥失常，错失机会。在日常生活中，有些名列前茅的学生在高考中屡屡失利，有些实力相当强的运动员却在赛场上发挥异常、饮恨败北，这些都是"詹森效应"的实例。心理学家为了引导他们解决这一问题，给出了几条建议。

首先，要认清"赛场竞争"的目的。它得出的只是个结果，不会对你自身产生多么严重的影响。赛场并不可怕，只是比平常正规一些而已。以一颗平常心对待，尽量想一些日常生活中的事，这种紧张感会有所缓解。其次，要平心静气地走出狭隘的患得患失的阴影，不贪求成功，只求发挥自己的正常水平。赛场是高水平的较量，同时也往往是心理素质的较量，"狭路相逢勇者胜"，信心越强、心态越平和，相信自己平时的水平和一分耕耘必定有一分收获的道理，这样往往更能取得令人满意的结果。

犹豫心理：犹豫不决只会让机会白白溜走

人的一生是由一个个选择构成的，每一个选择都决定了你以后的人生道路。正是因为人们知道自己在某种特定情况下做出的判断的重要性，于是害怕做出错误的判断，害怕得到错误的结果，也就滋生了犹豫心理。

普遍的最简单的犹豫是，有一件事情，你可以做出两种不同的选择，但此时你不知道选哪种好。有时只有一种选择时，你还会犹豫做还是不做。这种犹豫不决的状态，常常会耽误了事情的进展。有些人无法摆脱面对选择时的犹豫心理，就养成了做事拖沓的习惯。总是强迫自己、为难自己，在两者之间徘徊，结果就是选择放弃，什么都不去做，最终落得一事无成。

一个穷小子和一个富家小姐相识并相爱了，但是他总觉得两人的身份不太匹配，所以不敢过于表现自己的热情。有一天，这个年轻人很想到他的恋人家去，找他的恋人出来一块儿消磨下午的时光。但是，他又犹豫不决，不知道究竟应不应该去，害怕去了之后，会显得太冒昧，又或者他的恋人太忙，拒绝他的邀请，使得他左右为难。最后，他勉强下了决心，坐上一辆出租车去了。

车子终于停在他恋人家的门前。他虽然后悔来，但既然来了，只得伸手去按门铃。现在他只好希望来开门的人告诉他说："小姐不在家。"他按了第一下门铃，等了3分钟，没有人应答。他勉强自己再按第二下，又等了2分钟，仍然没有人应答。他如释重负地想："一定是全家都出去了。"

于是，他带着一半轻松和一半失望回去了。心里想：这样也好。但事实上，他很难过，因为他又失去了一个与恋人相聚的机会。

你能猜到他的恋人现在在哪里吗？他的恋人就在家里，她从早晨就盼望这位先生来找她。但她不知道他曾经来过，因为她家门上的电铃坏了。那位年轻人如果不是那么犹豫不决，如果他像别人有事来访一样，按电铃没有人应声就用手拍门试试看的话，他们就会有一个快乐的下午了。但是，他并没有下定决心，所以他只好徒劳而返，而他的恋人也在暗中失望。

很多时候，机会已经站在了你的身旁，只要你坚定地伸出你的臂膀，挽住她的腰，她就会倾心于你。与之相反的是，很多人都曾想挽着她的腰，但又担心她的心不属于自己。就在这反复思考之时，机会已经悄然从你身边溜走了。

受到犹豫心理干扰的人，总是感觉诸事不顺。为消除犹豫心理，心理学家告诫人们，在需要做出选择时，不应将各种可能的结果单纯地视为对的或错的，好的或坏的，甚至不应视为更好或更坏，只需把他们看作不同的出路就好。只要自己勇敢地走下去，每一条路，就都是正确的。只是其中的坎坷和风景不同。这样，你就能摆脱犹豫，大胆地行事了。此为其一。

其二，你要明确自己选择的目标，明确做事的目的。例如，你来到电子器材商场购买一台显示器。首先你就应明确是买台式的，还是买液晶的；要买多大尺寸，价位定在哪个档次。将目标确定了，再去挑选，才不至于被售货员的商品推销弄得无所适从。

其三，要善于应变，遇事不乱方寸。任何事情都不简单，智者千虑，仍有一失。你考虑得再细致，事到临头也会有些意外情况。这是意志薄弱者最容易陷入犹豫的陷阱。因此需要冷静，需要遇事不慌。要用意志来约束自己，排除干扰，避免选择的失误。

其四，不要轻易听从别人的意见。由于人们的文化素养不同，生活阅历有别，爱好、兴趣也不一样，对同一事情出现不同看法是正常的现象。而犹豫者最容易在这种不同看法的面前吃败仗，所以对来自不同角度的不同声音，不必盲从，不必随声附和。只要认为自己的选择是正确的，就不必在意那些闲言碎语，犹豫心理就会渐渐消失。

对于那些谨慎和追求完美的人来说，犹豫心理是他们最大的敌人。当面对一件事要做出抉择时，前怕狼，后怕虎，是意志薄弱的表现，是犹豫心理的前兆。意志是人意识的能动作用的表现。它是人在认识客观事物时，自觉地确定行动目的并选择适当的手段，通过克服困难达到自己预定目标的心理过程。意志薄弱的典型表现就是容易被外来暗示所左右，感情脆弱，胆小怕事，缺乏主见，无法自己做决定。即使已经决定，也常常反悔，使犹豫心理更加严重。

很多人面对多种选择或一些重要的选择时，会惶恐不安，束手无策。他们不会也不敢做出任何的选择，只能在那里犹豫不决，看着机会从自己的手中溜走。其实，在社会上打拼了许多年的人通常有这样的经验：很多时候，你越想思虑周全，防止出现纰漏，结果却往往事与愿违。要知道，生活中需要非常谨慎的事并不算太多。就算是很重要的事,也很难真正找到万全之策,一再犹豫不会使事情自动向好的方向发展。不过如果敢行事,即使是走错了,或许还能尽早补救。

第03章

正确认知自我：释放真实的自己

心理学让你
内心强大

释放心灵，不要随意地否定自己

有一天，聪明的纳斯鲁丁跑来找奥修，激动地说："快来帮帮我！"奥修问："发生了什么事？"纳斯鲁丁说："我感觉糟糕透了，我突然变得不自信了，天啊！我该怎么办？"奥修说："你一直是很自信的人呀，发生了什么事让你如此不自信呢？"纳斯鲁丁很沮丧地说："我发现每个人都像我一样好！"

有人说："每个人都可以成为展翅翱翔的雄鹰，重要的是，不要在心理上给自己设限，不要在心理上给自己制造失败。"纳斯鲁丁十分聪明，但是，他发现每个人都像自己一样好时却感觉糟糕透了。当他的内心被束缚，无法释放真实的自己时，不自信就产生了。现实生活中，我们常常会模糊自己真实的内心，习惯于在心理上给自己设限，使自己产生一种挫败感，最后导致我们还没有翱翔于蓝天就落地了。如果我们习惯了自我设限，我们的心就会失去向上生长的动力，只能在被束缚的范围里挣扎。所以，不管我们遭遇了什么样的挫折，都不要随意地否定自己，否定自己就意味着扼杀自己的潜力和欲望。

1921年夏天，年仅39岁的富兰克林·罗斯福在海中游泳时突然双腿麻痹，后来经过诊断是患了脊髓灰质炎。这时，他已经是美国参议员了，是政坛上的热门人物。遭到疾病的打击，他心灰意冷，打算退隐回到家乡。刚开始的时候，他一点都不想动，每天坐在轮椅上，但是他讨厌别人整天把他抬上抬下。于是，到了晚上，他就一个人偷偷地练习怎么样上楼梯。经过一段时间的练习，一天，他得意地告诉家人："我发明了一种上楼梯的方法，表演给你们看。"他先用手臂的力量把自己的身体支撑起来，慢慢挪到台阶上，然后把双腿拖上去，就这样一个台阶一个台阶艰难地爬着楼梯。母亲阻止儿子说："你这样在地上拖来拖去，让别人看见了多难看。"富兰克林·罗斯福却断然地说："我必须面对自己的耻辱。"

知名画家蒋勋曾写道："每个人完成自我，才是心灵的自由状态；每一个人按照自己想要的样子完成自我，那就是美，完全不必有相对性。天地之大可以无所不美，因为每个人都能发现自己存在的特殊性。大自然中，从来不会有一朵花去模仿另一朵花；每一朵花对自己存在的状态都非常有自信。"即使遭遇了疾病的折磨，富兰克林·罗斯福也并没有给自己在心理上设限，反而鼓起勇气来直面自己，挑战命运，完全地接纳了自己。其实，无论是身体的缺陷还是生活中的困难与挫折，这都不是心理设限的借口，更不是自暴自弃的理由。我们要敢于突破内心的束缚，释放自己最真实的内心。

在美国纽约街头，有一位卖气球的小贩。每当自己生意不怎么好的时候，他就会向天空放飞几只气球。这样一来，就会吸引一些周围的小朋友来玩耍，生意又会好起来，那些被气球吸引过来的小朋友都争着买色彩漂亮的气球。

有一天，当他向空中放飞了几只气球的时候，他发现在一大群围观的孩子中间，有一个黑人小孩，他正用一种疑惑的眼神看着天空。小贩很奇怪，他在看什么呢？顺着黑人孩子的目光看去，他发现空中正飘着一只黑色的气球。

小贩走上前去，用手轻轻地抚摸黑人孩子的头，微笑着说："孩子，黑色气球能不能飞上天，在于它心中有没有想飞的那一口气。如果这口气够足，那它一定能飞上天空。"

许多人在面对挫折与困难的时候，心底都会传出这样的声音：我做不到的。自己束缚了自己的内心，最终真的没有做到。克尔凯郭尔曾经说："一旦一个人自我设限，并且一直认定自己就是个什么样的人时，他就是在否定自己。甚至他不会自我挑战，只想任由自己一直如此下去，而这终将导致自我毁灭。"其实，"我做不到"是一种逃避的心态，在还没有开始之前，就先被打倒了。如果我们总是有这样的逃避心态，那么，将会为自己留下许多难以弥补的遗憾。因此，我们应该突破内心的束缚，当内心开始恐惧的时候，我们应该大声对自己说："你一定能做到的。"不断地暗示自己，释放出真实的内心，才能获得最后的成功。

有人这样种南瓜：当南瓜只有拇指大的时候，就把它装在罐子里。一旦它渐渐长大，就会把罐子内的空间占满，等到没有多余的空间了，南瓜则会停止成长。于是，南瓜就一直保持着在罐子里的那种形状。我们的心就如同南瓜一样，当它习惯了自我设限，在被束缚的范围里就不能自由地生长，它会逐渐失去向上生长的动力，只能留在原地徘徊。其实，束缚是源于内心的不确定或者不自信。当我们能够坚定告诉自己"一定能行"，从内心深处建立起强大的自信时，这种不确定或者不自信的束缚将会消失，从而释放出真实的自我。所以，在人生前进的路上，不要忘记告诉自己："我一定能行的！"

欣赏自己，开启全新的心灵探索之旅

　　黑格尔说："世界精神太忙碌于现实，太驰骛于外界，而不遑回到内心，转回自身，以徜徉自怡于自己原有的家园中。"世界上没有两个完全相同的人，每个人都是独立的个体，都有许多与众不同的甚至优于别人的地方，这是每一个人值得骄傲的地方。我们没有理由总是欣赏别人，而忽略了自己的优点；没有理由一味地比较，而最终丢失了自我。有人说："生活中并不是缺少美，而是缺少发现美的眼睛。"认同自己，学会欣赏自己，你会发现一个全新的自己。

　　哈佛大学泰勒·本·沙哈尔教授的一次课堂上，有名学生向沙哈尔提问："请问老师，您是否知道您自己呢？"沙哈尔心想："是呀，我是否知道我自己呢？"他回答说："嗯，我回去后一定要好好观察、思考、了解自己的个性,自己的心灵。"

泰勒·本·沙哈尔教授一回到家就拿来一面镜子,仔细地观察着自己的外貌、表情,然后来分析自己。首先,沙哈尔看到了自己闪亮的秃顶,心想:"嗯,不错,莎士比亚就有个闪亮的秃顶。"随后,他看到了自己的鹰钩鼻,心想:"嗯,大侦探福尔摩斯就有一个漂亮的鹰钩鼻,他可是世界顶级的聪明大师。"看到了自己的大长脸,就想:"嗨!伟大的美国总统林肯就是一张大长脸。"看到了自己的小矮个子,就想:"哈哈!拿破仑个子就很矮小,我也是同样矮小。"看到了自己的一双大撇脚,心想:"呀,卓别林就有一双大撇脚!"

于是,第二天,他这样告诉学生:"古今国内外名人、伟人、聪明人的特点集于我一身,我是一个不同于一般人的人,我将前途无量。"

泰勒·本·沙哈尔教授善于欣赏自己,这令他充满了自信。即使在别人看来,他的长相并不出众,但是,经过他一番积极的心理暗示,他身体的每个部分都与名人、伟人、智者扯上了关系。这样一来,他认定自己是一个前途无量的人。尼采曾这样说:"聪明的人只要能认识自己,便什么也不会失去。"只有学会欣赏自己,才能使自己充满自信,并从自信中获得快乐,使自己的人生不迷失方向。

有这样一句话:"人生在世,或许有不少人值得被欣赏,但你最应该欣赏的是你自己。"正所谓"天生我材必有用",学会自我欣赏可以产生巨大的力量,推动自己走向成功。学会欣赏自己是成功的第一秘诀。

每个人都是独一无二的。没有任何人能够取代我们,也没有任何人能够贬低我们,除非我们先看轻了自己。有人总是叹息自己工作不如别人,外貌不够出众,才能不被老板赏识。其实,我们不必在乎别人的看法,学会欣赏自己或许就能够重新找回自信。这个世界上没有两片完全相同的叶子,我们都是最特别的那一个。抛弃对他人的膜拜以及对自己的叹息,冷静地思考,你会发现自己身上有着许多他人没有的特点,自己也可以和他人一样优秀。

有这样一句经典的话:"你在桥上看风景,看风景的人却在楼上看你。"当你在羡慕别人的时候,别人可能正在欣赏着你,可谓是"风景总是在别处"。人与人之间进行互相比较是不可避免的。但是,我们要知道,自己有缺点但更有优点,因此,在欣赏别人的同时不要忽略了自己。欣赏自己是一种智慧,它会令你浑身上下散发出自信的魅力;欣赏自己是一种心理暗示,当你把自己想象成什么样,你就会真的成为什么样的人。学会认同自己,欣赏自己,活出自己的价值,眺望远处风景的同时,准确把握自己的坐标,这才是人生的魅力所在!

你了解真实的自己吗

肖曼·巴纳姆是一位著名的魔术师,他曾经这样评价自己的表演:"我的节目之所以受欢迎,是因为节目里包含了每个人都喜欢的成分,所以,每一分钟都会有人上当受骗。"事实上,在现实生活中,我们既不能时刻来反省自己、看清自己,也不能把自己放在局外人的位置来观察自己。大多数时候,我们只能借助外界的一些信息来认识自己。所以,我们很容易受到外界信息的暗示,迷失在外界的环境中,并习惯性地把他人的言行作为自己行动的参照。早在两千多年以前,古希腊人就把"认识你自己"刻在了阿波罗神庙的门柱上。但是,直到今天,我们也只能遗憾地说,距"认识自己"仍有一段遥远的距离,其原因在于我们并不了解最真实的自己。

爱因斯坦16岁那年,父亲给他讲了一个故事。正是这个故事改变了爱因斯坦的一生。

昨天我与杰克去清扫南边的一个大烟囱,那烟囱需要踩着里面的钢筋踏梯才能进去。杰克走在前面,我在后面,我们俩抓着扶手一阶一阶地爬了上去。下来的时候,杰克依旧走在前面,我还是跟在后面。钻出烟囱后,我发现了一件奇怪的事情:杰克的后背、脸上全被烟囱里的烟灰蹭黑了,而我的身上竟连一点烟灰也没有。我看见杰克的模样,心想我一定和他差不多,脸脏得像个小丑。于是,我到附近的小河里洗了又洗。而杰克看见我全身干干净净,就以为自己和我一样,只简单地洗了洗手就上街了。结果,街上所有的人都笑破了肚子,他们以为杰克是个疯子。

最后,父亲郑重地对爱因斯坦说:"别人谁也不能做你的镜子,只有自己才是自己的镜子。拿别人做镜子,白痴或许会把自己照成天才。"

我们之所以无法了解到真实的自我,大部分原因在于我们容易受外界信息的影响,诸如他人的言行等。在那些来自外界信息的暗示下,我们就很可能出现自我认知的偏差,就好似看着杰克浑身很脏,就以为自己身上也很脏。因此,要想真正地看清自己,我们需要避免陷入别人眼光的谜团中,让自己成为自己的镜子。

有一个割草的孩子打电话给陈太太:"您需不需要割草?"陈太太回答说:"不需要了,我已有了割草工。"这个孩子又说:"我会帮您拔掉花丛中的杂草。"陈太太回答说:"这个工作我的割草工也做了。"这个孩子又说:"我会帮您把草与走道的四周割齐。"陈太太说:"我请的那人已经做了,谢谢你,我不需要新的割草工人了。"孩子挂了电话,哥哥在旁边不解地问道:"你不是就在陈太太那儿割草打工吗?为什么还要打这个电话?"孩子带着得意的笑容说:"我只是想知道我做得有多好。"

孩子通过打电话向雇主询问而收集了一些关于自己的信息。这样,他就能够预见自己未来的成长以及可能取得的成绩,从而认识自己。大多数人都难以拥有天生明智和审慎的判断力。实际上，判断力是在收集信息的基础上进行决策的能力，而信息对于判断有着不可忽视的作用。如果我们无法收集到一些关于自己的信息，对自己就难以做出明智的判断，最终导致不能看清自己。

当一个人的情绪处于低落、失意的时候，他就对生活失去了控制感。于是，他内心的安全感也受到了影响。这样一个缺乏安全感的人，其心理的依赖性将大大增强，比较容易受他人言行的信息暗示。所以，当对方说出一段无关痛痒的话时，我们很容易"对号入座"，这就是一种心理倾向。这将影响到我们对自己作出真实的判断。

我们应该学会面对自己，不要因为自己有"缺陷"或者自己认为那是"缺陷"，就通过自己的方法将其掩盖起来。这样的做法极其愚蠢。试想，当你把自己的眼睛蒙上时，你就真的掩盖了自己的缺陷了吗？因此，无论是自身的缺陷还是优点，我们都应该正确看待，因为面对自己是认识自己的必经之路。

与自己的心灵对话

美国浪漫主义诗人朗费罗说："别人借我们过去所做的事来判断我们。然而，我们判断自己，却是凭将来能做些什么事。"心理学教授丹尼尔·吉尔伯特曾见过这样一个姑娘：衣衫不整、蓬头垢面，但长得很美。吉尔伯特教授跟她聊天，她也心不在焉。教授沉默了一会儿，突然问她："孩子，你难道不知道你是个非常漂亮、非常好的姑娘吗？""您说什么？"姑娘惊喜地问，美丽的大眼睛里泛着泪光。原来，在日常生活中，她所面对的都是同学的嘲笑、母亲的谩骂，以至于她失去了自我认知的能力。老子说："知人者智也，自知者明。"对每一个人来说，最重要的事情就是不够了解自己，不能清楚地认知自己。因此，我们要善于剖析内心，让自己拥有自我认知的能力。

一个人名声的好坏、能力的高低，是别人从事物的表面下的定义，根本就不是这个人的本质。自己真正的能力，只有自己心里最清楚。然而，一个人最难认知的就是自己的内心。最难以回答的就是：我是谁？我想要的生活是什么？不过，当你清楚地认知了自己，就能够在这个世界上找到最根本的出发点，就能够去善待他人。

年轻时候的富兰克林很自负。有一次，一个工友把富兰克林叫到一旁，大声对他说："富兰克林，像你这样是不行的！别人与你意见不同的时候，你总是表现出一副强硬而自以为是的样子。你这种态度令人觉得很难堪，以致别人懒得再听你的意见了。你的朋友们都觉得不和你在一起时比较自在些，因为你好像无所不知、无所不晓，别人对你也就无话可讲了。他们都懒得和你谈话，因为他们觉得自己费了力气反而感到不愉快。你以这种态度来和别人交往，不虚心听取别人的见解，这样对你自己根本没有好处，你从别人那里根本学不到一点东西。而且实际上你现在所知道的很有限。"富兰克林听了工友的斥责，讪讪地说道："我很惭愧，不过，我也很想有所长进。""那么，你现在要明白的第一件事就是，你太蠢了，现在还是太蠢了！"这个工友说完就离开了。

这番话让富兰克林受到了打击。他猛然醒悟过来，并开始重新认识自己，与内心作了一次谈话，并提醒自己："要马上行动起来！"后来，他逐渐克服了骄傲、自负的毛病，成为著名的科学家、政治家和文学家。

我们需要拥有全面认识自己的能力，这里提到的全面认识既包括优点也包括缺点。如果我们没有真正地认识自我，导致内心产生自负或自卑等心理，最终这些负面的心理会影响到我们的一生。

认知自我是一种胜不骄败不馁的从容，需要冷静思考，这样才有机会赢得最后的成功。认知自我是一种高度自立的洒脱的生活方式，看清生命的本真，创造出属于自己的人生价值。认知自我是一种高度责任心的反省，将勇气与真诚注入自己的言行中，认清前面的方向。剖析内心，在忙碌之后不忘与自己作一次深入的交谈，从而拥有自我认知的能力。

从认知自己到培育自己，这是一个美好的人生历程。客观的自我认知是一种严谨的人生态度，自信而不自满。无论是春风得意还是失败困惑，我们依然保持最平常的心态。拿破仑一生战功赫赫，在晚年却遭遇了"滑铁卢"的惨败，此时他却依然贪恋权力，企图复辟王朝，最终在绝望中死去。清楚地认知自己，需要我们摆脱对外物的依赖，绝不做金钱或权力的奴隶。

第 04 章

掌控自己的大脑：有自己的主见，别人云亦云

心理学让你
内心强大

控制自己，不要因他人之言心生动摇

有人说，成功最需要具备的一个要素就是智慧。然而，智慧从何处来？其来源大致有以下三个方面：一是从你的知识而来，二是从你的经验而来，三是从自我反省而来。但无论如何，有智慧的人总是能坚持自我，有很强的自我意识。他们敢于走自己的路，不会因为路上的任何风景而分神，更不会因为别人的言论而自我动摇。

因此，任何一个渴望成功的人都要学会控制并且强化自我意识。遇事要沉着冷静，开动脑筋，排除外界的干扰或暗示，学会自主决断。要彻底摆脱依赖别人的心理，克服自卑，培养自信心和独立性。

有这样一个故事：

法国哲学家布里丹养了一头小毛驴，他每天都向附近的农民买一堆草料来喂。这天，送草的农民出于对哲学家的敬仰，额外多送了一堆草料，放在旁边。这下，毛驴站在两堆数量、质量和与它的距离完全相等的干草之间，可是为难坏了。它虽然享有充分的选择自由，但由于两堆干草价值相等，客观上无法分辨优劣，它左看看，右瞅瞅，始终也无法分清究竟选择哪一堆好。于是，这头可怜的毛驴就这样站在原地，一会儿考虑数量，一会儿考虑质量，一会儿分析颜色，一会儿分析新鲜度。犹犹豫豫，来来回回，在无所适从中活活地饿死了。

小毛驴在充足的两堆草料面前，却落得个饿死的下场，真是匪夷所思。可见，迟疑不定不仅对人们做出正确的选择无丝毫帮助，还会让人们延误时机，甚至酿成苦果。而实际上，除了动物以外，人类似乎也在重复这个幼稚的错误。尤其是那些自我意识不强的人，他们总会因为周围人的一些所谓的建议而踟蹰不定。而最终，他们也将和这头小毛驴一样一无所获，甚至付出沉重的代价。要摆脱这种苦恼，我们就要训练自己的判断力，要坚定、勇敢、自信、果断。你若一直朝着既定的目标前进，那么他人一定会为你让路。而对一个摇摆不定、踟蹰不前、走走停停的人来说，别人一定抢到他前面去，决不会让路给他。

我们来看看下面这个故事：

小泽征尔是世界著名的音乐指挥家。一次他去欧洲参加指挥家大赛，在进行前三名决赛时，他被安排在最后一个参赛，评判委员会交给他一张乐谱。小泽征尔以世界一流指挥家的风度，全神贯注地挥动着他的指挥棒，指挥着一支世界一流的乐队，演奏具有国际水平的乐章。

正演奏时，小泽征尔突然发现乐曲中出现了一些不和谐的地方。开始，他以为是演奏家们演奏错了，就指挥乐队停下来重奏一次，但仍觉得不自然。这时，在场的作曲家和评判委员会的权威人士都郑重声明乐谱没问题，这是小泽征尔的错觉。他被大家弄得十分难堪。在这庄严的音乐厅内，面对几百名国际音乐大师和权威，他不免对自己的判断产生了动摇。但是，他考虑再三，坚信自己的判断是正确的，于是大吼一声："不！一定是乐谱错了！"他的喊声一落，评判台上那些高傲的评委们立即站起来向他报以热烈的掌声，祝贺他大赛夺魁。原来，这是评委们精心设计的考验。前面的选手虽然也发现了问题，但都放弃了自己的意见。

　　为什么小泽征尔能做到"挑战权威"，并大胆地告诉评委们一定是乐谱错了？因为他能坚持自我，有很强的自我意识。倘若他不能坚信自己的判断是正确的，而是和其他几位选手一样，即使发现了问题，也不敢提出来，或者放弃自己的意见，那么在这场比赛中，他也只能和其他选手一样，被淘汰出局。

　　然而，生活中的我们，却做不到这样。我们常被身边的各种问题困扰。因为我们太容易被周围人们的闲言碎语所动摇，太容易瞻前顾后，患得患失。以至于给外来的力量左右我们的机会。这样，似乎谁都可以在我们思想的天平上加点砝码，随时都有人可以使我们变卦。结果弄得别人都是对的，自己却没有主意，这真是我们成功途中的一大障碍。

　　那么，具体来说，我们该如何做到控制自我意识，不为他人的言论动摇呢？

1. 不要总是依赖他人

那些习惯依赖他人的人会把听从他人的意见当成一种习惯。因此，要树立并强化自我意识，就需要我们首先破除这种不良习惯。你可以回想一下自己的行为中哪些是习惯性地依赖别人，哪些是自己作决定。可以每天做记录，记满一个星期，然后将这些事件分为自主意识强、中等、较差三个等级，每周做一小结。

2. 要增强自控能力

对自主意识强的事件，以后遇到同类情况应坚持这样做。对自主意识中等的事件，应提出改进方法，并在以后的行动中逐步实施。对自主意识较差的事件，可以通过提高自我控制能力来提高自主意识。

3. 独立解决问题

要克服摇摆不定的习惯，就得在多种场合坚持自己的事情自己做。因此，生活中，你再也不要让朋友或者父母当你的随身管家了，也不要让他人帮你安排所有事。比如，独立准备一段演讲词，独立与别人打交道等。

人性有很多弱点，比如虚荣、自私、嫉妒、盲目等。其中，缺乏主见会影响到一个人一生的命运。所幸的是，这些弱点虽然与生俱来，很难彻底消除，但是我们自己可以想出办法来克服它们、抑制它们或者引导它们朝着有利于自我的方向发展。日常生活中，我们需要控制并强化自我意识，敢于坚持自我，决不能被他人之言所动摇。

勇于说"不",学会拒绝他人

生活中,没有人喜欢被拒绝。同样,习惯于中庸之道的中国人,在拒绝别人时也很容易产生一些心理障碍,这是传统观念的影响。同时,这也与当今社会某些从众心理有关。不敢和不善于拒绝别人的人,实际上往往戴着"假面具"生活,活得很累,而又丢失了自我,事后常常后悔不迭。但又因为难于摆脱这种"无力拒绝症"而自责、自卑。你是否曾经为以下的事情伤脑筋:一个你曾经认识的人,他品行不良,但非要和你借钱,你深知如果钱借给他,就等于肉包子打狗——有去无回;或者一个熟识的生意人向你兜售物品,你明知买下会吃亏;或者你的患难朋友,曾在你最困难的时候帮过你,现在有求于你,而你心有余而力不足,但他不相信,认为你是忘恩负义,故意不帮助他……遇到这些问题,你该怎么办?要记住,你不是神仙,也不能呼风唤雨,有求必应。该拒绝的,就必须要拒绝。如果不好意思当场拒绝,反而轻易承诺了自己不能、不愿或不必履行的职责,事办不成,以后会使你更加难堪。

因此,如果能学会拒绝,那么你也就掌握了一种自控力。而实际上,学会拒绝,并不是一件难事。我们先来看下面的一则案例:

陈平是一名部门主管。当初公司把他调到这个部门的时候,他就不大乐意。因为他早有耳闻,这个部门的前任主管在管理团队的时候,喜欢事必躬亲,什么都为员工安排得妥妥当当，喜欢当老好人。部门大事小事总是一把抓，导致此部门员工没有得到很好的工作历练，因此，他们在公司所有部门员工中是能力最低的。但既然公司已经下达了指令，陈平只好硬着头皮上了，他也有志于改善部门状况。

报到的第一天，秘书小林就对陈平说："主管，我之前没有做过这类的报表，你帮我做一下吧。"

听到这话，陈平觉得很诧异。做报表在公司一直都是秘书的本职工作，小林的请求实在是太过分了。他很生气，但一想到要是第一次就这么严厉地对待员工的请求，势必会让自己在下属中留下不好的印象。因此，想了想之后，他对小林说："不好意思啊，今天我刚来，事情太多了。等忙完这周，你再把数据表拿来。"

一听到陈平这么说，小林心想，这份报表周五前必须要交到公司财务部，哪里还等得到下周？于是，她只好自己去处理了。

这招果然奏效，后来，陈平用同样的方法拒绝了很多下属们的请求。

案例中的主管陈平可谓是一片苦心。为了让下属能尽快成长起来，他觉得让下属自己动手更有积极的意义。于是，面对秘书的工作求助，他采取了拖延的策略加以拒绝。这种心理策略很简单：对于你不想答应的请求，你完全用不着下决定，用不着点头或者摇头，而只是让来请求你的人迟些再来。例如，你可以说："我的任务现在排得满满的，你能不能两个礼拜以后再来找我？"如果这个人把你说的话认真对待，那么他会把两星期后再来找你这件事加进自己的备忘录里。要是这人没什么条理，他肯定早把你忘了。有的时候如果你连着拖延了两回，那这个人就会放弃了。

当然，这只是拒绝他人的一种方法。具体来说，我们在拒绝他人时，还需要掌握一些其他要点：

1. 态度要真诚

我们之所以拒绝对方，多半是因为我们实在无能为力。而表明难处，也是为了减轻双方的心理负担，并非玩弄"技巧"来捉弄对方。因此，拒绝他人，态度一定要委婉、真诚，特别是上级对下级的拒绝、地位高者对地位低者的拒绝等，更应注意自己说话的态度。不可盛气凌人，要以同情的态度、关切的口吻讲述理由，争取他们的谅解。在结束交谈的时候，还应再次表明歉意，热情相送。

2. 不要伤害对方的自尊

人都是有自尊心的。一个人有求于别人时，往往都带着惴惴不安的心理，如果一开始就说"不行"，势必会伤害对方的自尊心，使对方不安的心理更甚，失去平衡，引起强烈的反感，从而产生不良后果。因此，当你在拒绝别人时，一定要先考虑到对方的感受。在选用表达的词语时应准确、委婉。比如，你拒聘某人时，可以先称赞他的优点，然后再指出不足，说明不得不这样处理的理由，对方也更容易接受。

3. 为对方指个出路

直接拒绝对方难免令人失望。此时,你不妨为其再指一条明路,比如,"这件事我实在没有时间帮你去办了,你不妨去找某某试试。""这份资料我这几天就要用,不过图书馆还有一份没借出去,你赶快去应该可以借到。"因为对方有了其他"出路",他对你的拒绝也就不会太在意了。

总之,在拒绝他人的时候,注意以上几点会帮助我们将拒绝带来的不愉快降到最低。

拒绝别人或被别人拒绝,是我们每个人每天都可能经历的事情。这是人生中的非常真实的一面,谁都会遇到这样的经历。朋友、同事,甚至领导来找你帮忙,但有时他们所提出的要求是你没有能力或不愿意去做的,这时,我们就要学会拒绝他们的请求。当然,拒绝绝非简单地说"不行",而要阐明不行的理由,让对方知道你的难处,从而理解你。这样你才不会因为拒绝而得罪对方,也不至于影响你们之间的交情。

把持自己,让思维具有远见性

在生活中,我们常听老人说:"做事之前就要想到后面四步。"其实,向前每走一步,我们都需要思考其应对的方法,如果不能看得那么远,至少我们要尽可能地向前看。这就是一种远见。的确,我们做事情,不仅需要稳当、周全,而且不要急于求成，更不要被眼前的小事所累。在时机未成熟之前，我们一定要把持住自己。一个成大事的人，眼光总是比身边的人看得稍远一点。著名的美孚公司曾做了一次赔本买卖。可是，从最后的结果来看，它虽然放弃了眼前的利益却收获了长远的发展。小利变大利、利滚利、利翻利，先前看似赔本的"买卖"，最终却收获了高额的利润。这是一种商业的计谋，也是每一个人需要学习的智慧。有时候，之所以需要我们学会自控，不要被眼前小事影响，其实是为了以后更长远的发展。

在中国近代历史中，曾国藩无疑算是一个有远见的人。在任何时候，他都不为眼前小事所累，他最终的理想抱负是"修身、治国、平天下"。

1858年，在清政府的不断催促下，曾国藩第二次戴孝出山。他率领湘军经过6年的艰苦奋战，终于在1864年攻克了南京。这一次，宣告了太平天国运动的结束。而另一方面，湘军号称30万大军，意味着清朝的军权第一次从满人转移到了汉人手中。这时，曾国藩的名声与威望都达到了顶峰。

在弟弟曾国荃看来，这是多么兴奋的事情，大好的利益就在眼前。于是，他极力鼓动哥哥曾国藩"自立"。不仅如此，其他一些随着曾国藩出生入死的将领也一起暗示要拥立他为皇帝。究竟是继续做万人景仰的中兴名臣，还是冒着成为乱臣贼子的风险君临天下，曾国藩为此思考了很久很久。

其实，最初同治皇帝曾做出承诺，谁能解除太平天国对清朝的威胁，谁能够打下南京，谁就封王。可是，等到曾国藩真

第04章
掌控自己的大脑：有自己的主见，别人云亦云

的打下了南京，功高震主，又手握兵权，同治皇帝却失言了。他只封了曾国藩"一等毅勇侯"。"飞鸟尽，良弓藏"的道理，曾国藩自然明白。经过思考之后，他做出了惊人的决定，自剪羽翼，解散了湘军。忍耐一段时间后，重新找准自己的位置。

历史证明，曾国藩的确是一个深谋远虑之人。在当时的情况下，皇帝宝座无疑是眼前最大的利益，他完全有能力、有实力自立为王，但他却把持住了自己，没有轻举妄动，这是为什么呢？曾国藩已经看清了当时的局势。清政府派遣了许多将领驻扎在长江，一旦自己叛乱，定然会予以反击。而且，清政府开始有意识地培养自己身边的将领，分化湘军内部力量，真的自立，那些将领绝不会与自己同谋。另外，曾国藩的最初梦想便是报效国家而不是自立为王。所以，即便是在功成名就之后，他依然没有被成功蒙蔽双眼，而是以长远的眼光，效忠清廷，实现自己的理想抱负。

在现实工作中，小到一个职员，大到一个公司，都需要有长远的打算。如果你只着眼于眼前的小恩小惠，那迟早有一天你将被利益所吞噬，同时职场生涯也宣告结束。其实，即便是工作也不能含糊，也需要我们深思熟虑。将自己的眼光放得更长远一些，不为眼前的小事所累，把持住自己，这样我们的职场之路才会走得更远。

食品公司的销售部经理离职了。这个部门经理的位置空缺了出来，虽然下面的销售人才都很不错，但被总经理提名的

只有两个候选人。在周一的例行会议上，总经理就公布了这两人的名字，并且要求他们各自在一个星期内拿出自己的市场推广方案，谁的方案最优秀就由谁来担任部门经理。小李、小张同时被列为了候选人，两人平时还是好朋友，所以这样一场竞争非常有意思，公司各部门员工都对此议论纷纷。有人说小李绝对能胜任，因为他善于笼络人心；有人说小张绝对能任职，因为他的业绩比较突出。同时，有一个消息在办公室里炸开了锅，原来小李是经理夫人的亲弟弟。这可不得了，那失败者似乎注定了是小张。

小张分析了其中的利害关系，心想：小李有了关系这一层，看来自己终究是失败，不过，有什么要紧呢？如果自己真的失败了，表现得大度些，努力配合好小李的工作，给人留下好的印象，日后定会有高升的机会。他就一边这样想着，一边准备着市场推广案。很快，一个星期就过去了，两人同时把方案交到了办公室。总经理在大会上宣布了结果，懂得笼络人心的小李胜出了。小张知道自己已经失败了，心里变得坦然起来，鼓掌表示庆祝，似乎一点也不在意。

小李上任了，开始管理工作。小张还是积极地跑市场，协助小李的工作。下班后，他与小李还是好朋友。公司同事都说："小张这人真好，升职机会被好朋友抢了也不说什么。""就是啊，而且工作比以前更积极，这样踏实能干、谦虚的小伙子上哪去找啊。"3个月后，小张在朋友小李的推荐下，因业绩突出被提升为部门助理。

本来，同事小李有好的人脉关系，这对于处于竞争关系的两个人似乎并不公平。小张大可以因不服气而找上司理论，或者在小李胜出后不与之合作。但是，聪明的小张却很清楚眼前的人和事，自己要想有所作为，就必须将不服埋在心里，努力配合小李的工作，在公司博得一个好名声。这样，自己能力有了，声誉有了，那高升的机会肯定会有。在这样斟酌之后，小张才将想法投入实际行动，最后自己的目的也达到了。

然而，现实生活中，有些人却吃不得眼前亏，容不得一点损失。最终，他们难以成就大事。

可见，对于我们来说，在做每一件事情时更需要有长远的眼光，不计较眼前的小事，关注长远的发展，从而达到舍小利而保大局的目的。

俗话说："不飞则已，一飞冲天；不鸣则已，一鸣惊人。"在既成的局面下，我们只有控制住自己，然后不断地提高自己的能力，等待机遇的到来，再迅猛出击，奋起拼搏。

坚信自己，不盲目跟随他人

现代社会，我们强调要创新。任何重大成果的发现，都离不开创新意识的发挥。任何一个人，也只有敢于突破，敢于创新，才能有所成就。而如果你是一个随波逐流的人，那么，你只能一事无成。曾有人做过这样的实验：

在一群羊前面横放一根木棍，第一只羊跳了过去，第二只、第三只也跟着跳过去。这时，把那根棍子撤走，后面的羊走到这里，仍然像前面的羊一样，向上跳一下，尽管拦路的棍子已经不在了。这就是所谓的"羊群效应"，也称"从众心理"。

我们再来看下面一个故事：

一位石油大亨到天堂去参加会议，一进会议室就发现已经座无虚席，没有地方落座。于是他灵机一动，喊了一声："地狱里发现石油了！"这一喊不要紧，天堂里的石油大亨们纷纷向地狱跑去。很快，天堂里就只剩下那位后来的人了。这时，这位大亨心想，大家都跑了过去，莫非地狱里真的发现石油了？于是，他也急匆匆地向地狱跑去。

从众心理很容易导致盲从，而盲从往往会陷入骗局或遭遇失败。羊群效应一般出现在一个竞争非常激烈的行业中，而且这个行业中有一个领先者（领头羊）占据了主要的注意力，那么整个羊群就会不断模仿这个领头羊的一举一动。领头羊到哪里去"吃草"，其他的羊也去哪里"淘金"。

这个心理同时告诉我们，盲目地跟随他人不一定有好结果，我们的生活需要创造力。创造力是指产生新思想，发现和创造新事物的能力。身处竞争激烈的现代社会，我们应当具有锐意变革的精神，才能始终使自己处于竞争中的有利地位。对此，我们首先要做到的就是破除自己的从众心理，学会独立思考。

曾经有一个叫魏特利的人,他经历过这样一件事:

19岁那年,他的朋友特别多。一天,有个朋友和他约好,就在周日早上,他们一起去钓鱼。魏特利很高兴,因为他还不会钓鱼。

因此,头天晚上,他先收拾好所有装备,比如网球鞋、鱼竿等。并且,因为太兴奋,他居然还穿着自己刚买的网球鞋就上床了。

第二天一大早,他就起床了,把自己的东西都准备好。他还时不时地朝窗外看,看看他的朋友有没有开车来接他,但令人沮丧的是,他的朋友完全把这件事忘记了。

这时魏特利并没有爬回床生闷气或是懊恼不已。相反,他认识到这可能就是他一生中学会自立自主的关键时刻。

于是,他跑到离家最近的超市,花掉了他所有的积蓄,买了一艘他心仪已久的橡胶救生艇。中午的时候,他将自己的橡胶救生艇充上气,顶在头上,里面放着钓鱼的用具,活像个原始狩猎人。

随后,他来到了河边。魏特利摇着桨,划入水中,假装自己在启动一艘豪华大邮轮。那天,他钓到了一些鱼,又享用了带去的三明治,用军用壶喝了一些果汁。

后来,他回忆这次的光景。他说,那是他一生中最美妙的日子之一,是生命中的一大高潮。朋友的失约教育了他,凡事要自己去做。

生活中最大的危险不在于别人，而在于自身。不在于自己没有想法，而在于总是依赖别人。那么，生活中的人们，该如何做到破除自己的从众心理呢？为此，你需要做到：

1. 善于变被动为主动

萧伯纳有一句名言："明白事理的人使自己适应世界，不明白事理的人想使世界适应自己。"人都是在这种主动的、不断调整、不断适应的过程中成长的。那些被动学习和工作的人，总是郁郁不得志。相反，那些积极上进勇于创新者，也许常有一时的困顿，但最终都能拥有一个比较辉煌的前景。

因此，你也应该有主动的精神，只有主动地、积极地学习与工作，才是有效率的、创新的。

2. 敢于坚信自己

创新能否最终获得成功，能不能相信自己很重要。有自信，相信自己正确，那么你就敢走自己的路，就能不怕失误、不怕失败。在大多数情况下，不敢自信走"小路"的人，通常也难成为创新型人才。

3. 善于学习前人的经验

像牛顿这样的科学家，在概括自己的科学理论成果时都说，他是站在巨人肩上的矮子。牛顿当然不是矮子，但他确实是站在前人肩上的。牛顿没有对前人知识的学习、吸收和批判，就不可能有他的科学理论创新。

4. 敢于打破各种定见和共识

要想成为一个有创造力的人，你需要：第一，不要迷信权威；第二，不要太依赖他人，学会独立思考；第三，摒除经验主义等主观定式，不要给自己上思维枷锁。你不仅需要敢于挑战书本的权威，也需要敢于自我否定。

5. 敢于否定他人

独立思考是否定他人、提出不同意见的前提。反过来，做到后者，你也能够逐渐学会独立思考。

6. 独立面对各种难题

正如一位名人所说："所谓成长，就是去接受任何在生命中发生的状况。即使是不幸的、不好的，也要去面对它，解决它，使伤害减至最低。所谓的成长，所谓的稳重，所谓的成熟，都不过如此。"这样的人才能独当一面，才能成为一个自立自强的人。

一个不坚信自己的人是很容易人云亦云的。这种心理足以削弱一个人前进的雄心和勇气、足以阻止自己用努力去换取成功的快乐。它还会让我们跟随他人的脚步，从而只能停在别人的身后，以致一生都碌碌无为。因此，如果你想获得成功，那么从现在起，无论遇到什么，你都要学会独立思考，不要人云亦云。

第05章

消除心理恐惧：懂点心理定律让你更强大

心理学让你
内心强大

绝境定律：时刻提醒自己，防止成长停滞

人在绝境或没有退路的时候，最容易产生爆发力，展示非凡的潜能。如果我们想在最恶劣、最不利的情况下取胜，最好把所有可能退却的道路切断，有意识地把自己逼入绝境。只有这样才能保持必胜的信念，用强烈的刺激唤起那敢于超越一切的潜能。

美国杰出的心理学家詹姆斯的研究表明：一个没有受逼迫和激励的人仅能发挥出潜能的20%~30%，而当他受到逼迫和激励，其能力可以发挥出80%~90%。许多有识之士不但在逆境中敢于背水一战，在一帆风顺时，也能用切断后路的强烈刺激，使自己在通向成功的路上立起一块块胜利的路标。

其实我们每个人都总是对现有的东西不忍放弃，对舒适平稳的生活恋恋不舍。一个人要想让自己的人生有所转机，就必须懂得在关键时刻把自己带到人生的悬崖。给自己一个悬崖其实就是给自己一片蔚蓝的天空。

有一个小孩子，见一只蝙蝠掉在地上，挣扎了好大一会儿也没有飞起来，心里就开始纳闷儿：奇怪，蝙蝠是非常灵巧的动物，怎么落到地上之后就飞不起来了呢？

第05章
消除心理恐惧：懂点心理定律让你更强大

带着这个疑惑，小孩子去找他父亲。父亲把他带到了一个山洞里面。只见山洞的洞顶和洞壁倒悬着无数的蝙蝠，就是没有一只是栖落在地面上的。

见小孩子一副不解的样子，父亲就说：这是蝙蝠在给自己造设一片危崖。

"蝙蝠为什么要给自己造设一片危崖呢？"小孩子还是不解，"它这样做岂不是让自己每时每刻都处在危险中了吗？"

父亲笑着告诉他："蝙蝠一旦脱离了攀附的洞壁，就会直接掉在地上。为了避免坠落而亡，蝙蝠只有尽全力地扑打翅膀，努力使自己向上、再向上。所以我们才看到了灵巧飞翔的蝙蝠……"

"可是，为什么蝙蝠掉到地上之后，就再也飞不起来了呢？"

父亲接着解释道："蝙蝠一旦掉在了地上，就再也没有悬挂在洞壁时那种'生的危险，死的威胁'的感受了。没有这种生死攸关的感受，蝙蝠也就不可能再尽全力地去飞了。而正是因为没有尽全力地去飞，才使它永远也飞不起来了！"

在生活中我们经常会看到这种现象，甲和乙两个同学毕业后一起参加工作。甲的工作较为安稳，且收入稳妥，温饱不愁；乙的工作则辛苦奔波，甚至风餐露宿。若干年后，我们发现，乙的成就远远高于甲。由此我们可以看出，人在艰苦的环境中，更能激发自己的潜能。以此推理，当人处于绝境中时，也正是他最强大的时候。

面对复杂的工作，恐惧和退缩其实于事无补。无论在任何时候，你都要明白，越是困难的事情，越能让你实现突破。你不妨像蝙蝠一样给自己造设一个"悬崖"，让自己时刻保持成长的警惕，抵御放纵的心理。在自己制造的绝境中，不断完善自己。

期望定律：超强的信念，是成功的前提

心理学家通过对人心理的研究，发现了这样一个规律：当我们对某件事情寄予非常强烈期望的时候，我们的期望就会实现。这也就是我们常说的期望定律。

在美国西雅图的一所著名教堂里，有一位德高望重的牧师——戴尔·泰勒。一天，他向班里的学生郑重其事地承诺：谁要是能背出《圣经·马太福音》中第五章到第七章的全部内容，他就邀请谁去西雅图的"太空针"高塔餐厅参加免费聚餐。

《圣经·马太福音》中第五章到第七章的全部内容有几万字，而且不押韵，要背诵其全文无疑有相当大的难度。尽管参加免费聚餐是许多学生梦寐以求的事情，但是几乎所有的人都浅尝辄止，望而却步。他们不再期望那个免费的聚餐会，而是花时间享受眼下的舒适或打发无聊的时间。

几天后，班中一个11岁的男孩，胸有成竹地站在泰勒牧师

的面前，从头到尾地按要求背诵下来，竟然一字不漏，没出一点差错。而且到了最后，简直成了声情并茂的朗诵。

泰勒牧师比别人更清楚，就是在成年的信徒中，能背诵出这些篇幅的人也是罕见的，何况是一个孩子。泰勒牧师在赞叹男孩那惊人记忆力的同时，不禁好奇地问："你为什么能背下这么长的文字呢？"

这个男孩不假思索地回答道："我竭尽全力了。我十分期待那免费的聚餐。"

后来，这个男孩成了世界著名软件公司的总裁。他就是比尔·盖茨。

在心里对自己有多大的期望，就会带动自己取得多大的成就。很多时候，并不是你不能取得较大的突破，而是你的心早就被自己禁锢住了，不敢奢望过多。

张德培是历史上最年轻的网球大满贯男单冠军。当年，这个不满20岁的黄皮肤小伙子在巴黎成为法国网球公开赛男单冠军的时候，整个球场都沸腾了。他也成为第一个在这里获得冠军的华裔选手。在其后16年的网球生涯里，他一共赢得34个冠军和近2千万美元的奖金，并在1996年年终的世界男单总排名榜上名列第2位。这一切成绩的取得，和他对自己的期望和激励有着重要的关系。

据专家分析，张德培的身体条件并不适合网球运动。他一米七五的身高，即便放到女选手中也只算是中等，身体也不如欧美球员强悍，使他在高手如林的男子网坛显得十分单薄。

为了取得理想的成就，体格的劣势迫使他必须要用速度和坚忍的意志来弥补。这没有捷径，只能依靠超出常人的刻苦训练。于是日复一日，年复一年，人们发现这名黄皮肤的小伙子从来不给自己放假。当桑普拉斯躺在希腊海滩上晒太阳时，当阿加西赴拉斯维加斯观看拳击比赛时，张德培都在球场上训练，他从未减少对自己的期望。

训练的过程是极其艰辛的，但他坚持了下来！在此后的十余年里，张德培凭借灵活的脚步和不懈的跑动，运用娴熟的底线技术与对手周旋，一有机会就击出大角度的回球置对手于死地，在男子网坛杀出了一片属于自己的天地。

很多人都渴望成功，而成功的不二法门就是积极地期望它的到来。如果希望一劳永逸，浅尝辄止，则很有可能一事无成。

心理学家称，人的潜力无穷。能否最大限度地挖掘这些潜能，关键在于是否善于强迫自己、经营自己、期望自己。希望成功，必须加倍努力。只有不懈努力，才会有丰厚的收获。成功人士有一点是相同的，那就是他们对自己的期望值永远比别人高。

心理学家认为，那些取得一番成就的人，无疑不是在同一种考验面前坚持到最后的人。他们的这种坚持，来源于强烈的期盼。他们期盼着目标达成后的收获和喜悦，因此，也就能尽最大努力排除一切困难，让自己竭尽全力地去尝试。

你的人生取决于你所做的决定，取决于你做事的态度。不管你现在的境遇怎样，命运将从你决定竭尽全力去奋斗的那一刻起开始改变。在生活中，大多数人并不是命里注定不能成为大人物，而是他们从来没有期待自己有一天会成为大人物。对于成功者来说，他们不是想要成功，而是一定要成功。他们不是努力尝试，而是竭尽全力获得最好的结果。他们强烈的渴望和期待，会使他们勇敢地把帽子扔过困难的墙，让自己没有退路，从而想尽一切办法，获得期待的成功。

重复定律：不断重复能提升你的实力

　　心理学家说，任何的行为和思维，只要你不断重复就会不断加强，获得丰厚的积累。在你的潜意识当中，只要你能够不断地重复一些事，它们都会最终变成现实。

　　人的心理倾向于关注那些新鲜的、刺激的事物，不喜欢做重复单调的事情。但在现实生活中，每一件事情的成功都需要依靠重复操作来谋求突破。也就是说，那些心理上拥有忍耐力，能够在一次次重复操作中认真积累的人，他们的人生更容易获得高于他人的成就。

　　这是一位心理学家在演讲时引用过的一个故事：

　　一位著名的推销大师，即将告别他的推销生涯。应行业协会和社会各界的邀请，他将在该城中最大的体育馆，做告别职业生涯的演说。

那天，会场座无虚席。人们在热切地、焦急地等待着这位杰出的推销员做精彩的演讲。大幕徐徐拉开，舞台的正中央吊着一个巨大的铁球。为了这个铁球，台上搭起了高大的铁架。

一位老者在人们热烈的掌声中走了出来，站在铁架的一边。他穿着一件红色的运动服，脚下是一双白色胶鞋。

人们惊奇地望着他，不知道他要做出什么举动。

这时两位工作人员抬着一个大铁锤，放在老者的面前。主持人对观众讲："请两位身体强壮的人到台上来。"很多年轻人站了起来，转眼间已有两名动作快的跑到台上。

老人这时开口和他们讲规则，请他们用这个大铁锤，去敲打那个吊着的铁球，直到把它荡起来。

一个年轻人抢着拿起铁锤，拉开架势，抡起大锤，全力向那吊着的铁球砸去。一声震耳的响声过后，那铁球动也没动。随后他又用大铁锤接二连三地砸向铁球，很快他就气喘吁吁。

另一个人也不示弱，接过大铁锤把铁球打得叮当响，可是铁球仍旧一动不动。

台下逐渐没了呐喊声，观众好像认定那是没用的，就等着老人做出什么解释。

会场恢复了平静，老人从上衣口袋里掏出一个小锤，然后认真地面对着那个巨大的铁球。他用小锤对着铁球"咚"的一声敲了一下，然后停顿一下，再一次用小锤"咚"的一声敲了一下。人们奇怪地看着，老人就那样"咚"地敲一下，然后停顿一下，持续不停地敲着。

10分钟过去了，20分钟过去了，会场早已开始骚动。有的人干脆叫骂起来，人们用各种声音和动作发泄着他们的不满。老人仍然继续着，他好像根本没有听见人们在喊叫什么。人们开始愤然离去，会场上出现了大块大块的空缺。留下来的人们好像也喊累了，会场渐渐地安静下来。

大概在老人进行到40分钟的时候，坐在前面的一个妇女突然尖叫一声："球动了！"霎时会场鸦雀无声，人们聚精会神地看着那个铁球。那球以很小的幅度动了起来，不仔细看很难察觉。老人仍旧一小锤一小锤地敲着，人们都听到了那小锤敲打铁球的声响。铁球在老人一锤一锤的敲打中越荡越高。它拉动着那个铁架子"哐哐"作响，它的巨大威力强烈地震撼着在场的每一个人。终于，场上爆发出一阵阵热烈的掌声，在掌声中，老人转过身来，慢慢地把那把小锤揣进兜里。

老人开口说，成功就是一次次重复你的行动。

重复某个动作的过程，其实就是一种积累的过程。不经过这种历练，你不可能让自己实现蜕变。而在这一过程中，你的心是否心甘情愿地接受这种重复，积极地面对它，也就决定了你最后取得的成绩。

人的急切心理是普遍存在的。那些努力而看不到成效，而且很有可能看起来很笨拙地重复操作的事情，谁会去做呢？结果肯定是少数人，而成功者也正来自这一小部分人中。现实生活中，很多年轻人总想找到一蹴而就的成功之路。殊不知，那些一锤子敲过去却不见效果的人，在他们放弃的同时，一些看似弱势的人则在一次次重复敲击着自己的目标。也正是在这个过程中，不仅实现了量变到质变的飞跃，也使你对这个事物看得更加透彻，把握得更加准确。

　　心理学家说，在不断重复的过程中，如果你没有耐心去等待成功的到来，只好用一生的耐心去面对失败。很多时候，人的失败不是因为实力不够，机遇不好，而是因为不肯在重复中积累、等待突破的到来。在一次次放弃的过程中，人生也就草草地画上了一个句点。

第 06 章

剖析心灵秘密：了解心理效应帮你探寻自我

心理学让你
内心强大

鸟笼效应：心一旦被笼子束缚，就难以自我突破

1907年，詹姆斯结束教学生涯，从哈佛大学退休，同时退休的还有他的好友物理学家卡尔森。

有一天，两人突发奇想，打了个赌。詹姆斯说："我一定会让你不久之后养上一只鸟的。"卡尔森不以为然："我不信！因为我从来就没有想过要养一只鸟。"

没过几天，恰逢卡尔森生日，詹姆斯送上了礼物——一个精致的鸟笼。卡尔森笑了："我只当它是一件漂亮的工艺品。你就别费劲了。"从此以后，只要客人来访，看见书桌旁那个空荡荡的鸟笼，他们几乎都会问："教授，你养的鸟什么时候死了？"卡尔森只好一次次地向客人解释："我从来就没有养过鸟。"然而，这种回答每每换来的却是客人困惑而有些不信任的目光。无奈之下，卡尔森教授只好买了一只鸟，詹姆斯的"鸟笼效应"奏效了。

通过这个案例，我们可以看到选择一个很有意思的规律：如果一个人买了一个空的鸟笼放在自己家的客厅里，过不了多久，他一般会有两种选择，丢掉这个鸟笼或者买一只鸟回来养。

原因是空荡的鸟笼挂在客厅里，不仅显得别扭，而且也极不美观。即使主人不在意，每次来访的客人也都会很惊讶地问他这个空鸟笼是怎么回事，或者把怪异的目光投向空鸟笼。时间一长，他不愿意忍受每次都要进行解释的麻烦，就会丢掉鸟笼或者买只鸟回来相配。

心理学家对这一现象解释说，这是因为买一只鸟比解释为什么有一只空鸟笼要简便得多。即使没有人来问，或者不需要加以解释，长时间放置一个空空的鸟笼，也会对人的心理造成一定的压力。时间一长，"鸟笼效应"也会使其主动去买来一只鸟与笼子相配套。

"鸟笼效应"是一种潜在的心理影响。佛经云：人最难摆脱的是无谓的烦恼。许多人不正是先在自己的心里挂上一只笼子，然后再不由自主地往里面填满一些东西吗？在心理学领域，"鸟笼效应"也被称为"空花瓶效应"。比如，一个女孩子的男朋友送了她一束花，她很高兴，特意让妈妈从家里带来一只水晶花瓶，结果为了不让这个花瓶空着，她的男朋友就必须隔几天就送花给她。

近几年，人们对住房的刚性需求加大，房子成为稀缺资源。一个人一旦买了房子就要去装修，于是麻烦就开始了。整体布局、房间的主色调、每件物品的搭配、家具的选择，每个选择都受前一因素的影响或制约。就像你会为了藏书去做个书柜，做了书柜就要配一个凳子，配了凳子可能还需要配一个落地窗，这样看书才高雅。配了落地窗，又发现房子太小，必须把房间给打通……"鸟笼效应"就这样发生在装修房子的过程中。如果把握不好自己的心理，不能保持一颗平常心，恐怕在这个过程中会遇到诸多的烦恼。

鲇鱼效应：积极的竞争机制，是获得活力的动力

在挪威，很多人都酷爱食用沙丁鱼。那里的渔夫在海上捕到沙丁鱼后，如果能让它们活着抵港，卖价就会比死鱼高好几倍。但是，由于沙丁鱼生性懒惰，不爱运动，返航的路途又很长，因此捕捞到的沙丁鱼往往还未抵达码头就死了，即使有些活的，也几乎奄奄一息。

但奇怪的是，有一位渔民的沙丁鱼总是活的，而且很生猛活泼，所以他赚的钱也比别人的多。该渔民严守成功秘密，直到他死后，人们才打开他的鱼槽，发现只不过是多了一条鲇鱼。

原来当鲇鱼装入鱼槽后，由于环境陌生，就会四处游动，而沙丁鱼发现这一异己分子后，也会紧张起来，加速游动。如此一来，沙丁鱼便能活着回到港口。这就是所谓的"鲇鱼效应"，即通过某个个体的"中途介入"，对群体起到刺激竞争的作用。

鲇鱼是一种生性好动的鱼类，并没有什么十分特别的地方。然而自从渔夫将它用作保证长途运输沙丁鱼成活的工具

后，鲇鱼的作用便日益受到重视。沙丁鱼生性喜欢安静，追求平稳。对面临的危险没有清醒的认识，只是一味地安逸于现有的日子。渔夫聪明地运用鲇鱼好动的特点来保证沙丁鱼的存活数量，在这个过程中，他也获得了最大的利益。

"鲇鱼效应"在自然界普遍存在。科学家曾观察过大自然中的鹿群。他们发现，如果一个鹿群的活动区域里没有狼等天敌，它们会缺少危机感，不再奔跑，身体素质就会下降，这个鹿群的整体繁衍就会大受影响。

联系人类的生活和工作，我们发现，那些缺乏竞争的组织，其生命力远远不如在激烈竞争中磨炼出来的组织。因此，心理学家告诫我们，如果组织内部缺乏活力，效率低下，那么不妨引入一些"鲇鱼"，让它们搅浑平静的水面，让"沙丁鱼"们都动起来。

通过对"鲇鱼效应"的分析，我们知道竞争和生存危机对人们的心理和个人发展有重要影响。只有在压力和挑战下，人们才不会松懈，才不会在安逸中走向灭亡。也只有在压力和挑战下，人们才能居安思危，不停地奋斗，以立足于这个社会而不被淘汰。也只有这样，人们才能充满活力，整个人类社会才能青春永驻。

心理学研究人员对"鲇鱼效应"作出了这样的分析：渔夫采用鲇鱼来作为激励手段，促使沙丁鱼不断游动，以保证沙丁鱼的活力，以此来获得最大利益。对于"鲇鱼"来说，其价值在于自我实现。鲇鱼型人才是企业管理所必需的。鲇鱼型人才最应考虑的是如何在组织中安身立命,以获得长足发展,对于他们来说,自我实现始终是最根本的。对于"沙丁鱼"来说,其问题在于缺乏忧患意识。沙丁鱼型员工的忧患意识太少,一味地追求稳定,但现实的生存状况是不允许沙丁鱼有片刻安宁的。"沙丁鱼"如果不想窒息而亡,就应该也必须活跃起来,积极寻找新的出路。

跳蚤效应:人生的高度取决于心理高度

在一次培训课上,一位心理学家绘声绘色地给学生们讲述了这样一个故事:

一位教授曾经做过这样一个实验,在一个玻璃杯里放进一只跳蚤,跳蚤立即轻易地跳了出来。我们知道跳蚤跳的高度一般可达到它身体的200倍左右,所以跳蚤称得上是动物界的跳高冠军。接下来他再次把这只跳蚤放进杯子里,然后立即在杯子上加一个玻璃盖,跳蚤照样跳起却重重地撞在玻璃盖上。一次次被撞,跳蚤学聪明了。它开始根据盖子的高度来调整自己所跳的高度,直至在盖子下面可以自由跳动。

一天后,实验者把盖子轻轻拿掉,跳蚤不知道盖子已经去掉了,它还是在原来的那个高度继续跳。

之后,可怜的跳蚤再也没有跳出那个玻璃杯,最终死在了里面。

很多学生觉得有些滑稽。坦言说跳蚤实在是太愚蠢了，只是一个小小的玻璃盖，就使得原本弹跳力很强的它被困在了一个特定的弹跳高度，不能自由自在地生活，真是可悲。

心理学家告诉学生们，与其说是盖子挡住了它向上的路线，使得它无法突破这个固定的限制，不如说是这个盖子框住了跳蚤的思维和观念，使得它在特定的环境中，培养出了一种思维定式。这种定式深深地作用于它的心理，使得它告诉自己，那个盖子的高度是无法超越的。

人和跳蚤存有某些共同点。如果人长期被禁锢在特定的环境内，同样会形成一种固定的思维模式，深深植根于潜意识中，在心理上表现为不敢尝试。在受限制的特定的环境中，很多客观因素同时作用于心理，告诉我们，就应该是这样的，不能超越，没有其他回旋的余地。于是，就形成了思维定式。最终往往使得我们在简单的事情面前，也不能做出正确的判断。

因此，如果你审视自己之后，发现自己的观念越来越缺少灵活性和变通性，越来越缺乏不断尝试的勇气，那么，你就很有必要及时从"跳蚤效应"的魔咒里把自己解救出来了。

第 07 章

矫正享乐心理：主动吃苦，训练身心

心理学让你
内心强大

"命好使人废"，去拥抱你的困难

在人生路上，我们每个人都在为自己的目标奋斗着，但这并不是一个一帆风顺的过程。那些成功者，也必定是经历了百转千回的磨砺和痛苦，因此我们说，成功是容不得我们有享乐之心的。俗话说："命好使人废"，温室中的环境培养不出人才。生活中的我们，在遇到困难的时候，也要勇于去拥抱困难。只有顽强面对，你才能实现人生的成功蜕变。这就和蝴蝶的蜕变一样。先是虫卵，然后等春天来了，孵化出来毛毛虫、菜青虫之类的虫子，这时基本上都是害虫，它们生长一段时间以后成熟了，就开始吐丝结茧，再过一段时间之后才会变成翩翩起舞的蝴蝶。在万花丛中，蝴蝶那美丽的翅膀抖动着，那亮丽的花纹在阳光的照射下更是熠熠生辉。可是，我们在赞叹蝴蝶美丽的同时，是否想到了它蜕变背后的艰辛呢？

蝴蝶的蜕变是需要代价的：无尽的黑暗、等待的焦躁、忐忑不安的心境。这些都是蝴蝶在蜕变之时所承受的苦痛，其实，人何尝不是一样呢？如果想要成功，必须经历一个煎熬的过程，就好像蝴蝶蜕变的过程，刚开始你可能只是一个什么都不会的毛头小子，后来慢慢有了想法，开始去尝试，尝试之后

第 07 章
矫正享乐心理：主动吃苦，训练身心

是失败，失败了再尝试，在忍受了无数次失败的痛苦之后，你才能迎来成功。然而，在这个过程中，你更需要一种顽强的自控力。如果你贪图享乐，那么你只会半途而废。

美国演员克里斯托弗·里夫在电影《超人》中扮演超人这一角色而一举成名。但谁能料到，一场大祸会从天而降呢？

1995年5月27日，里夫在弗吉尼亚一个马术比赛中发生了意外事故，以致头部着地，第一及第二颈椎全部折断。5天后，当里夫醒来时，他已经全身瘫痪。

那段日子里夫万念俱灰，许多次他甚至想要轻生。出院后，为了平缓他肉体和精神上的伤痛，家人便推着轮椅上的他外出旅行。有一次，汽车正穿行在落基山脉蜿蜒曲折的盘山公路上。克里斯托弗·里夫静静地望着车窗外，他发现每当车子行驶到无路的关头，路边都会出现一块交通指示牌，"前方转弯！"或"注意！急转弯"的警示文字赫然在目。而拐过一道弯之后，前方照例又是一片柳暗花明、豁然开朗。山路弯弯、峰回路转，"前方转弯"几个大字一次次地冲击着他的眼球，也渐渐叩醒了他的心扉。原来，不是路已到了尽头，而是该转弯了。他恍然大悟，冲着妻子大喊一声："我要回去，我还有路要走。"

从此，他以轮椅代步，当起了导演。他首次执导的影片就荣获了金球奖；不仅如此，他还用牙咬着笔，开始了艰难的写作。他的第一部书《依然是我》一问世就进入了畅销书排行榜。与此同时，他创立了一所瘫痪病人教育资源中心，并当选

为全身瘫痪协会理事长。他还四处奔走，举办演唱会，为残障人的福利事业筹募善款，成了一名著名的社会活动家。

美国《时代》周刊也曾报道了克里斯托弗·里夫的事迹。在这篇文章中，里夫回顾自己的心路历程时说："以前，我一直以为自己只能做一名演员；没想到今生我还能做导演、当作家，并成了一名慈善大使。原来，不幸降临的时候，并不是路已到了尽头；而是在提醒你，你该转弯了。"

一次偶然的事件，让原本几乎绝望的克里斯托弗·里夫重新选择了一条人生的路。在这条路上，他照样取得了成功甚至是辉煌。在面对身体上的巨大折磨时，和克里斯托弗·里夫一样，可能很多人都会有轻生的念头。但是转念一想，难道不是这些所谓的困难和逆境让我们获得了更多的成长机会，更加磨炼了我们的意志吗？假如我们的人生一帆风顺，那么我们只能是温室中的花朵，经受不住任何风雨的打击。以这样的心态面对人生困境，还有什么值得我们苦恼的呢？

帕格尼尼的人生是充满苦难的：他4岁时，一场麻疹和强直性昏厥症，差点要了他的命；7岁时，他又患上了严重的肺炎，不得不进行放血治疗；46岁时，他的牙床突然长满脓疮，只好拔掉几乎所有的牙齿；牙病刚刚好，他又染上了可怕的眼疾，幼小的儿子成了他手中的"拐杖"；年过半百后，关节炎、肠胃炎等多种疾病又时刻吞噬着他的肌体；后来，他的声带也坏掉了，只能靠儿子按口型翻译他的思想……

但是，面对人生中的这么多苦难，帕格尼尼并没有沉沦。

他不仅用独特的指法和充满魔力的旋律征服了整个世界，而且发展了作曲才能，创作许多闻名世界的小提琴协奏曲和吉他演奏曲。可以说，他是一位善于用苦难的琴弦将天才演奏到极致的奇人。

听到了帕格尼尼的悲苦演绎，李斯特大喊："天啊，在这4根琴弦中包含着多少苦难、痛苦和受到残害的挣扎着的生灵啊！"在追求事业的过程中，苦难是不可避免的，但我们每个人都有自己的选择。有的人选择抱怨，有的人选择自暴自弃、贪图享乐，有的人选择隐忍奋进。很多时候，我们已经忘记了还有一种东西——意志力。当我们保持顽强的意志力，苦难就会令我们变得更坚强，成功也就是指日可待的事情了。

追求快乐是人的本性，但我们同样也应该有面对困难的勇气和意志力。失败平庸者多，主要是心态的问题。遇到困难，他们总是挑选更容易的倒退之路。"我不行了，我还是放弃吧。"结果陷入失败的深渊。成功者遇到困难能心平气和，并告诉自己："我要！我能！""一定有办法"，而最终，他们成功了。

我们每一个人，在人生路上都有可能遇到一些难题。它们会阻碍我们前进，让我们心灰意冷，甚至沉溺于玩乐之中。但请一定要记住，明天还未来到，昨天已经过去。珍惜今天，调整好心态，才能真正把握大局，才能找到前进的路！

玩物丧志，用理性纠正玩乐心态

我们都知道，人的天性都是追求快乐而逃避痛苦的，而我们获取快乐的一个重要的方法便是"玩"。在玩的过程中，我们的身心能得到放松，我们能忘却很多现实生活中的烦恼。但一味地追求玩乐只会让我们逐渐失去自控能力和斗志，让我们的行为偏离正确的轨道，久而久之，我们离自己的目标只会越来越远。古人云"玩物丧志"，大致也就是这个道理。这句成语见于《尚书·旅獒》："玩人丧德，玩物丧志。"关于这一成语，有这样一个典故。

周武王姬发带领军队灭了商朝之后，建立了西周王朝。他吸取前朝灭亡的教训，开始采取一系列巩固政权的措施。一方面，他将全国的土地划分为几个部分，分封诸侯；另一方面，他派遣使臣到那些边疆地区，以号召各国臣服周朝。

西周逐渐强大起来，那些边远国家和地区自然也都臣服于它。于是，他们都争相将贡品送到西周都城，也就是今天的西安。

一天，姬发处理完政事之后，听说西戎旅国有人献上了一个奇宝。充满好奇心的他赶紧命人送进来，才发现是一条大狗，这种狗在西戎旅国被称为獒。这只狗身高体重，且通人性，见了周武王就赶紧俯首行礼。武王看了，心情非常愉悦，命人收下了这只宝狗，并重赏了使者。

武王的一举一动都被站在身后的太保召公奭看在眼里，记在心中。当这些人离去之后，他赶紧写了一篇《旅獒》呈给周武王，这篇奏折的内容大致是：今天的政权来之不易，如果不继续艰苦奋斗，那么所有的胜利果实很可能会毁于一旦。他在其中写道：轻易侮弄别人，会损害自己的德行；沉迷于供人玩弄的事物，会丧失进取的志向。

武王读完《旅獒》后，便想到了商朝灭亡的教训，觉得召公奭的劝告是对的。于是把收到的贡品分赐给诸侯和有功之臣，自己则兢兢业业地致力于国家的治理和建设。

"玩物丧志"这个成语，常用来指醉心于玩赏某些事物或迷恋于一些有害的事情，就会丧失积极进取的志气。从这个典故中，我们也应当有所启示，一个人要想有一番作为，就必须要学会自控。控制自己的"玩"心，剔除自己的享乐主义心理。事实上，那些成功者之所以成功，并不是因为他们喜欢吃苦，而是因为他们深知只有磨炼自己的意志，才能让自己保持奋斗的激情，才能不断进步。

然而，我们不得不承认的一点是，现代社会，随着物质生活水平的提高和科学技术的进步，一些人被周围的花花世界所诱惑。一有时间，他们就置身于灯红酒绿中，就连独处时，他们也会把精力放在玩游戏、上网，而时间一长，他们的心再也无法平静了。他们习惯了天天玩乐的生活，再也没有曾经的斗志，最后只能庸庸碌碌地过完一生。

因此，无论何时，我们都要控制自己的"玩"心，享乐只会让我们不断沉沦。闲暇时我们不妨多花点时间看书、学习，不断地充实自己，才能在激烈的社会竞争中立于不败之地。

"每天下班后，我宁愿去图书馆看看书，也不愿意和一群人聚在酒吧。每读一本书，我都能获得不同的知识，有专业技能上的，有人生感悟上的；有风土人情，有幽默智慧。我很享受读书的过程，每次从图书馆出来都已经夜里十点了。在回家的路上，看着路边安静的一切，风从耳边吹过，我真正感到了内心的安宁。同事们都说我这人太无趣了，但我觉得，这样的生活很充实。有书籍陪伴，我从不感到孤独。实际上，在很久以前，我也是个爱玩的人，常常和朋友喝酒喝到半夜才回家，一到周末就约朋友出去吃饭、唱歌。我很少一个人待着，有时候真当我一个人在家的时候，我也会找一些娱乐项目，比如上网、打游戏、跳舞等，我觉得自己根本闲不下来。

但就在我30岁生日那天，发生了一件令我这辈子都无法释怀的事。那天晚上，我们喝得很多，离席后，我的一个朋友开着车自己回去了，谁知道在半路上出了车祸。我很后悔。假如我没有让他喝那么多的酒，是不是就不会出事？从这件事以后，我改变了对人生的看法，如果我的下半生还是这样浑浑噩噩地过，那么，这和一具行尸走肉又有什么区别呢？

后来，在一个图书馆管理员朋友的推荐下，我开始接触各种各样的书籍，从这些书中，我学到了很多……"

这是一个深爱读书、拒绝玩乐的人的内心独白。的确，一个整天玩乐的人就如同一具行尸走肉。真正内心的快乐其实并不是玩乐能带来的，而是努力充实自己的心灵。如果你是一个爱玩的人，那么从现在开始学会自控、纠正自己的玩乐心理并不晚，这需要你做到：

1. 替代法

当你想玩乐的时候，你不妨做一些其他比较轻松的活动。比如，如果你想玩游戏，不妨换作运动、唱歌、看书等，当你沉浸在其中的时候，游戏对你的诱惑也许就慢慢消除了。

2. 比较法

你可以在内心做一个比较：此时"玩"与"不玩"会有什么区别？以玩游戏为例，玩游戏可能会耽误你的学习和工作，影响你的休息；但"不玩"，你会节约出很多时间从事其他事情。相比较而言，哪一选择更明智？很明显是后者。长期的心理建设会让你逐渐克服对游戏的欲望。

3. 矫正玩乐心态并不意味着杜绝玩乐

如果你是个爱玩的人，你不可能完全限制自己的行为，毕竟一个人不可能24小时都工作或者学习。因此，你最好学会循序渐进地调整。你可以为自己制订一些小计划，比如限制玩乐的时间，但无论如何，你一定要完成。如果你完成不了，那你一定要找出原因，在迷茫的时候看看，会帮助你改善自己的自控能力。

控制自己往往是在自己理性的时候，而不想控制自己往往是在感性的时候。所以矫正自己的玩乐心态的最好的方法就是理性面对。当然，对于玩乐，没有人能够完全避免，只能逐步改善。

少一分享乐,多一分忍耐

我们都知道,大千世界,处处都是存在辩证法的。有得就有失,有失也有得,得与失是矛盾的统一体,其中,要成功就必须放弃享乐。不难发现,大凡做出一些成就的人,他们必定会经受一些磨难,吃尽苦头,然后才能等到出头之日,一鸣惊人。在这个过程中,他们不断地忍耐着痛苦与辛酸,精神上的,身体上的。那些痛彻心扉的日子,他们咬着牙,将滴落的血汗吞进肚子里。在这个过程中,他们放弃的就是暂时的享乐。但实际上,他们明白,他们最终会有守得云开见月明的一天,到那时,自己以前所受的所有苦难都是值得的,因为它们已经凝结成了耀眼的成功的光环。

相传,勾践战败后,他接受了大臣文种的建议,收买了吴国太宰伯喜否,请求他帮忙向夫差求降,勾践和王后到吴国给夫差为奴做妾。夫差答应了,并对勾践夫妻极尽羞辱,勾践在夫差面前一副感恩戴德五体投地的奴才相,嘴里还感激夫差不计前嫌以德报怨,宽宏仁慈。他在夫差面前表现得十分恭敬,称自己为贱臣,小心翼翼,百依百顺。夫差要上马,勾践就跪下来让夫差踏在自己的背上。夫差生病了,勾践在夫差面前寝食难安。

就这样,勾践以自己的忠诚打动了夫差,终于夫差下令让他回到越国。勾践回到越国之后,立志要报仇雪恨。他唯恐眼前的安逸消磨了自己的志气,于是在吃饭的地方挂上一个苦胆，每逢吃饭的时候，就先尝尝苦味，并问自己："你忘了在会稽的耻辱了吗？"他还把席子撤去，用柴草当作褥子，这就是后人一直传颂的"卧薪尝胆"。

勾践能做到"卧薪尝胆"就是源于一种自控力。战败后的他完全可以继续自己享乐的生活，但是他却选择了忍耐。在吴王夫差面前，勾践简直跟奴才一样，甚至比奴才更卑贱，不仅受到了夫差的百般侮辱，而且嘴里还感激夫差不计前嫌以德报怨，并自称"贱臣"。这样的姿态，比委曲求全更甚，他所受的侮辱和苦难都不是普通人能承受的，但勾践都一一忍耐了过来。其实，他早就有了复国大计，之所以在夫差面前百般受辱，那是为了赢得夫差的信任，这样他就可以早日回到越国去施行复国大计。那看似委曲求全，实则是一个计谋。勾践早已经将整个计划运筹帷幄于股掌之间。于是，这才有了后面"勾践灭吴"的故事。无独有偶，曾国藩的忍耐力也是值得我们学习的。

曾国藩刚开始办团练的时候，其中除了大量的湘军勇士，还有不少的绿营军，这使曾国藩面临着更多的问题。而且，在操练中，曾国藩始终坚守"吃得苦中苦"的原则，对将士们要求十分严格，风雨烈日，操练不休。这对来自田间的湘军来说，并不觉得太苦。但是，对于那些平日里只会喝酒、赌钱、抽鸦片的绿营兵来说，却像是"酷刑"。对此，绿营上上下下怨声载道。绿营军的副将不到场操练，根本不把曾国藩放在眼里，甚至对底下的士兵宣称："大热天还要出来操练，这不是存心跟我们过不去吗?"曾国藩一方面忧心军队的操练,另一方面还要应付绿营军的捣乱,日子过得十分辛苦。

当时,在长沙城内驻扎着绿营兵和湘军,绿营兵战斗力极差,受到了湘军的轻视。对此绿营兵十分愤怒,经常与湘军发生摩擦。双方水火不容,开始由一些小争执演变为争斗。而且,绿营军是朝廷的正规军队,深得朝廷庇护,曾国藩所操练的湘军不过是乡间勇士,无人庇护。于是,曾国藩只能严格要求自己的军队,不得与绿营军发生冲突。即使曾国藩一再忍受绿营军的欺辱之苦,但仍改变不了现状,绿营军更加横行霸道,湘军进出城门都会受到公然的侮辱。朋友看见曾国藩如此辛苦,劝他参奏绿营军,不料他却推托:"做臣子的,不能为国家平乱,反以琐碎小事,使君父烦心,实在惭愧得很。"过了一阵子,曾国藩就将湘军遣往外县,将自己的司令部也移到了衡州。

其实,曾国藩在组建湘军之际,确实是吃了不少苦头。组建军队本身就面临着各种艰难,而同时还遭受绿营军的挑衅,那确实是一段异常辛苦的日子。当时,咸丰帝下令由曾国藩操办团练。由于朝廷战事甚紧,也没办法给军队军饷,曾国藩作为军队的创办者必须解决军队的军饷问题,然而这一切困难,曾国藩都以坚韧的意志忍了过来,他明白只有"吃得苦中苦,方为人上人"。试想,如果当初曾国藩忍受不了绿营军的挑衅,在朝廷不提供军饷的情况下,就停止操练,那怎么会有后来骁勇善战的湘军呢?在绿营军面前看似委曲求全、百般忍让，其实都在曾国藩掌控之中。唯有这样，才能建立起一支独立而极具力量的湘军。

当然，忍耐也是有目的的。如果一个人是毫无目的地忍耐，不管遇到何人何事都采取忍耐的态度，那这样的忍耐就是愚蠢的。在忍耐的同时，我们应该问自己"为什么忍耐""忍耐需要达到什么样的目的"。如果心中有计划，那就必须忍耐；羽翼未丰，也需要忍耐。这样的忍耐是一种智谋，因为在委曲求全的同时，早已经将所有的计划掌控于胸中，忍耐不过是为赢得最后成功拖延时间而已。

忍耐就是一种自控力。任何一个人在追寻目标的过程中，都必须要忍耐。不仅要忍耐失败带来的痛苦和生活的平庸，更要学会控制享乐的心。"吃得苦中苦，方为人上人"，享乐只能让我们不断懈怠，忍耐才能磨炼我们的意志，帮助我们不断朝着目标前进。

第 08 章

运动起来：锻炼身体也是对心灵的磨炼

心理学让你
内心强大

生命在于运动，身体不动心也会变懒

生活中，人们常说："生命在于运动。"运动是保持身体健康的重要因素。早在两千多年以前，希波克拉底就讲过："阳光、空气、水和运动，是生命和健康的源泉。"生命和健康，离不开阳光、空气、水分和运动。长期坚持适量的运动，可以使人青春永驻、精神焕发。每天都处于紧张的工作和生活压力之下的你是否会有这样的感觉：每天早上起床都感到浑身乏力，而到了一天工作结束的时候，你也已经累得四肢无力了？夜深人静时，你是否依然辗转难眠？你是否感觉体重日益见长？其实，这都是你的身体开始出现亚健康的标志。怎么办？也许你会想到很多种办法，你开始吃安眠药，你开始节食，但似乎并没有多少成效。正如曾经有人所说的："运动有时可以代替药物，但所有的药物都不能替代运动。"其实，如果你尝试着坚持运动，你会发现，汗水会让你的身体慢慢轻盈起来。

在美国人看来，前总统布什是他们运动以及锻炼身体的楷模。

布什没有那么多的时间进行户外训练。于是，他把跑步的项目放到了健身房中。在重量训练上，他还进行了坐姿推举、

第08章
运动起来：锻炼身体也是对心灵的磨炼

扩胸与扩背运动。

为了锻炼身体，布什还经常利用一切可以利用的环境跑步。曾经在访问墨西哥途中，他就在空军一号会议室里的一台跑步机上跑了起来。可以说，布什是走到哪里就跑到哪里，他跑步的身影在美国许多地方都出现过。在总统套房里，在戴维营的林间小道上，当然还有位于白宫顶楼的健身房内。

迄今为止，他个人跑步的最好成绩是6分45秒跑完1英里。

布什每周跑步4至5次，举重至少2次。其中周四进行长跑，周日一般进行快跑训练，其他时间进行慢跑和器械练习。

无独有偶，新加坡内阁资政李光耀也是个爱运动的人。他每天都会坚持长跑20分钟。

不论在家还是出国，每天坚持跑20分钟已经成为他雷打不动的习惯。他曾经说："我每天都做运动，如果不做，便感到懒散。我发现健身操使我感觉更好，能开胃，也睡得更好。"他不仅喜欢跑步，还有游泳和骑自行车。如果是应邀去没有运动场地的国家开会，他的随身行李一定要带着可折叠的健身脚踏车。在清晨或晚饭前进行运动。李光耀认为，有了运动，还要有足够的休息才能健康。每天睡眠8小时最理想，但通常他只睡六七个小时。他因为睡眠质量好，从不失眠。

李光耀曾是个胖子，喜欢吃炸鸡翅，喝啤酒和葡萄酒。他现在这副身板，都是他努力进行体育锻炼的结果。他特别倡导体育运动，认为居住在城市里的人，必须注意锻炼身体。在这方面他也率先做到了。

因为运动，他年过古稀时仍然头脑清楚、精神饱满、腿脚利落。

生活中的人们，也许会说，我每天很忙，没有时间运动。那布什和李光耀是怎么做到的呢？所以，不要再给自己找借口了。如果你能坚持运动，那么你不仅能减掉身上多余的脂肪，还能使身心放松。

美国国家运动医学院的研究表明，正确的运动可帮人们持久地保持健康活力和苗条体态，更健康的心脏和更低的患癌风险是运动带来的最为显著的两大益处。

的确，运动的好处实在太多了，总结起来大致有：

1. 缓解身体自然疼痛

如果你经常感到身体某些部位不舒服，比如头疼、膝盖疼或者脖子僵硬。有时休息和吃药并不是最好的方法，运动却能帮助你消减甚至消除这些症状。

美国斯坦福高级研究所的科学家表示，长期坚持有氧运动的成年人同那些总是喜欢躺坐在沙发上的人相比，肌肉骨骼不适的概率低25%。

2. 使头脑更加灵活

即使在跑步机上锻炼也可以让你的头脑变得更加灵活。因为跑步锻炼使心脏快速跳动可增大血流量，向你的大脑输送更多的氧气。同时，还能激发大脑中控制事务处理、制订计划和记忆的区域的更新。

3. 降低感冒概率

适当的运动不只能够加快你的新陈代谢，它还可以提升你的身体免疫力，帮助你的身体对抗感冒病毒和其他细菌的入侵。

4. 更快乐地工作

英国布里斯托尔大学的研究表明，积极的生活方式可以帮助你更好地完成每天的工作计划清单。同时，你也会避免因为生病而耽误工作。

5. 眼部保健作用

很多运动都需要双眼以"运动器材"（如球类、射击类等）为目标不停地上下调节运动，这样的动作有助于改善眼部肌群状态，缓解视力疲劳。英国的眼科研究发现，积极运动的生活方式会令随着年龄增长所带来的视力衰退的概率减少70%！

6. 帮助深度睡眠

现代社会，由于高强度的工作压力及年龄的增长，人的睡眠形式会发生改变，很多人都有"浅眠"的苦恼。所谓"浅眠"，指的就是无法真正进入睡眠，夜间休息不好，身体得不到调整，又会影响第二天的工作和学习。

曾经有医学杂志报道，每周4次、每次至少用1小时来散步和进行其他有氧运动的人，睡眠质量会明显高于那些不爱运动的人。

运动带给我们的最大好处就是让我们身心更加健康。如果你发现某些运动非常适合你,那么这会使运动更加有趣。如果你对某项运动非常期待,那么你也有可能会喜欢上这项运动。当然,运动贵在坚持,一项运动最好至少坚持3周。一个舍得持之以恒花时间运动的人,在他四五十岁时,岁月一定会回报他!

锻炼身体也是磨炼心灵

我们都知道,在追求成功的过程中,意志力起到了无法替代的作用。那些成功者之所以成功,就是因为他们能吃得了苦、经得起挫折,而其他大多数人却与梦想渐行渐远。为什么呢? 因为我们都认为梦想终归是梦想,只是把它当成了遥不可及、无法实现的目标。我们有很多理由,例如:没有足够的资金开创自己的事业;学历不高;竞争太激烈,做这个太冒险了;没有时间;家人不支持……而这些其实都是缺乏意志力的人为自己找到的冠冕堂皇的借口。当然,意志力的获得也是需要我们掌握一定的方法的。不难发现,生活中,那些能直面工作压力和困难的人,多半都有着健康的体魄,因为他们爱运动、坚持锻炼。据统计,有50%的人一周中至少有一天会感到疲惫。美国佐治亚州大学的研究者通过对70项不同研究分析得出:让身体动起来可以增加身体能量、减少疲累感。因此,我们可以说,身体的锻炼能磨炼心志。著名电影《阿甘正传》中的阿甘便是我们学习的榜样。

第08章
运动起来：锻炼身体也是对心灵的磨炼

阿甘于第二次世界大战结束后不久出生在美国南方亚拉巴马州一个闭塞的小镇。他先天弱智，智商只有75，然而他的妈妈是一个性格坚强的女性，她要让儿子和其他正常人一样生活。她常常鼓励阿甘"傻人有傻福"，要他自强不息。而阿甘不仅拥有一双疾步如飞的"飞毛腿"，还有一个单纯正直、不存半点邪念的头脑。

在学校里，阿甘与金发女孩珍妮相遇。从此，在妈妈和珍妮的爱护下，阿甘开始了他一生不停的奔跑。在中学时，阿甘为了躲避同学的追打而跑进了一所学校的橄榄球场，就这样跑进了大学。在大学里，他被破格录取，并成了橄榄球巨星，受到了肯尼迪总统的接见。大学毕业后，在一名新兵的鼓动下，阿甘应征参加了越战。在一次战斗中，他所在的部队中了埋伏。一声撤退令下，阿甘记起了珍妮的嘱咐，撒腿就跑。他的"飞毛腿"救了他一命。战争结束后，阿甘作为英雄受到了约翰逊总统的接见。

在"说到就要做到"这一信条的指引下，阿甘最终闯出了一片属于自己的天空。

这部电影中，阿甘的母亲告诉他："人生就像一盒各式各样的巧克力，你永远不知道下一块将会是什么味道。"的确，在未知的人生面前，无畏的心才能让我们勇往直前。阿甘不平凡的人生就始于他那双"飞毛腿"。因为爱"跑"，他丝毫不畏惧前方的困难；因为爱"跑"，他感悟到了人生的真谛。

除了阿甘外，很多人可能还惊叹于西点军校的成功，并对他们西点士官生超强的意志力感到佩服。但可能你没注意到一点，任何一个西点士官生，在文化知识的学习和体能的训练上都是双管齐下的。正是因为这样，他们不但拥有超人的智慧，还都拥有强健的体魄。"体能、心智和精神的完美统一"，这是西点军校体能训练和领导力提升的目标。

西点军校严格的体能训练宗旨绝不是培养四肢发达、头脑简单的运动健将，而是培育一种战士的精神和对使命与责任永不放弃的品格。西点军校的校训是教育、培养并感染西点士官生，并使他们铭记"责任、荣誉、国家"，成为有品格、有勇气、精神刚毅、体能强壮的人。为此目的，西点军校不仅对士官生有严格的学术、道德、理念和军事技能要求，还特别重视通过体能锻炼课程、健康生活讲座、肢体灵活性训练活动和一系列的体能测试，提高西点士官生身体的素质、耐力、爆发力、团队协作能力，和在危急状况下的领导力与生存能力。体能锻炼课程除拳击、柔道、攀岩、体操、生存游泳等竞技性体能活动和比赛外，每个士官生还必须参加体能训练的各种考核，以达到学校制定的标准。

总之，锻炼身体的过程其实也是一个训练身心的过程，因为这其中蕴含着坚持、忍耐、勇气等。如果我们能把身体的锻炼当成一项长期的活动，那么我们的意志力也会在无形中得到提高。

身体是革命的本钱。进行体育锻炼不仅有利于我们强身健体,更能磨炼我们的心智,让我们的体能、心智、精神三者在互动的过程中最终达到完美的平衡。

意志力有极限,要合理使用

我们都知道,体育锻炼是一种健康的、积极的生活方式,它在提高人体健康水平中发挥着不可替代的作用。研究证实,科学的运动健身可以促进人体生长发育,提高人体机能水平;缓解心理压力,保持心情舒畅;降低心血管病、糖尿病等慢性病发生概率;延缓衰老过程,延年益寿。然而,我们的肌肉是有极限的,任何一个人进行体育锻炼,本意都是为了强身健体、放松心情。如果过度,就会适得其反,让我们的身体受到损耗。

实际上,和我们的身体一样,我们的自控意识也是有极限的。诚然,现代生活时刻需要自控,但这会不断消耗你的意志力。我们每个人的意志力都是有限资源,一旦将它消耗殆尽,在诱惑面前就会毫无防备力,至少会处于下风。

我们先来看下面一个案例:

尹娜是一名大三的学生。马上她就要参加她所在城市的模特大赛,但令她苦恼的一点是,她虽然身高足够,但体重却严重超标。她知道,以她这样的身形,是不可能胜出的。报名那天,她看到那些身材纤瘦的女孩,她暗暗下决心,一定要在一个月内瘦掉20斤。

怎么减肥呢？她听说，只节食并不能起到作用，一定要运动，于是她去某健身会所办了会员卡。一下课，她就泡在健身房里，她决定每天花8个小时运动。

刚开始的几天，尹娜浑身是劲，一想到自己未来可能成为一名名模，她可以不吃不喝地锻炼。看到她的锻炼模式，教练对她说："其实你没有必要这样，你会垮掉的。"

"没事，要瘦就必须要吃苦。"

看到尹娜这么坚持，教练也不好多说什么。后来，教练发现，尹娜面色枯黄，好像营养不良。原来尹娜不仅进行高强度锻炼，还不怎么吃饭。

果然，就在模特大赛开始的前一天，尹娜倒在了健身房，被其他会员送到了医院。她的模特梦破灭了。

这则案例中，尹娜虽然减肥心切，却忽视了一个问题。人的身体是有一定承受能力的，即使进行体育锻炼，也要适可而止，为了减肥而进行超出身体极限的运动，只会让自己出现一些身体上的损伤。

诚然，无论做任何事，我们都要有意志力。意志力是人们为了适应环境、与人合作、维持关系，进而更好地生活而进化出来的心理功能。意志力是一种抑制冲动的能力，它使我们成为真正的人。但意志力也和我们的身体一样，也是有极限的。事实上，那些冠军运动员、获得非凡成功的生意人以及诺贝尔奖科学家，他们都知道这个道理。他们不会对自己太过苛刻，也允许自己偶尔偷偷懒，允许自己犯错误。虽然他们在为一些远大的目标而奋斗，但是他们也能够容忍不能达成这些目标时的挫折和失望。他们知道自己能够继续努力、进而改善工作。

然而，那些自控意识过强的人明明知道不可能做到所有事情，不可能24小时工作或学习，他们却常常对自己有不现实的要求，当无法实现这样的要求时，就会变得焦虑失落。失望之余，他们的意志力也会因此变得薄弱。

上海社会科学院相关研究人员对曾经发生的92个过劳死案例进行分析，发现近年来"过劳死"发病率直线上升，男性人群居多。科教、IT、公安和新闻行业"过劳死"人群的平均年龄已在44岁之下，成为重灾区。IT行业"过劳死"年龄最低，只有37.9岁。

IT业凭什么摘得这顶"黑色桂冠"？互联网数据中心（Internet Data Center，简称IDC）华东总监张明认为，这是由IT行业产品更新快决定的。"有听过作家过劳死吗？很少——因为他们写一部作品，会有很长的时间酝酿，有充分的时间劳逸结合。"

如今，"亚健康"这个词早已出现在我们的生活里。很多人之所以会出现亚健康，不能否认存在这样一个原因：他们对自己要求过高，承受着超出他们身体能接受的工作和学习强度。亚健康是一种临界状态，处于亚健康状态的人，虽然没有明确的疾病，却出现精神活力和适应能力的下降。如果这种状态不能得到及时纠正，则非常容易引起身心疾病。而亚健康，正在引起着人们的重视。

再举个很简单的例子，有购物热情的人如果长期压抑自己的购物欲望，就会偶尔进行一次"大扫货"，甚至购买他们根本不需要的东西，这就是一种情绪失控。再比如，长时间抵抗甜食的诱惑反而会让人更想吃巧克力。

也许你会问，那么该如何解决这一问题呢？其实，这还是意志力的问题。如果你觉得自己没有时间和精力处理"我想要"做的事，就把它安排在你自控力最强的时候。如果你想彻底改变旧习惯，最好先找简单的方式训练自己的自控力。有时自控力的疲惫感并不一定真实，"困难的事"和"不可能做到的事"是有区别的。只要你愿意，你就有意志。

事实上，很多你认为不需要意志力的事情，其实也都要依靠这种有限的能量，甚至要消耗身体能量。每当你试图对抗冲动的时候，无论是避免分散意志力、权衡不同的目标，还是让自己做些困难的事情，你都或多或少使用了意志力。包括很多微小的决定也是这样的。

意志力就像肌肉一样有极限，它被使用后会渐渐疲惫。如果不让肌肉休息，就会完全失去力量，意志力也一样，从早上到晚上会逐渐减弱，但坚持训练能增强意志力。

第08章
运动起来：锻炼身体也是对心灵的磨炼

运用解压法，在汗水中重生

现实生活中，许多人都会面对工作、生活、学习等方方面面的压力，不良情绪常常不期而至。对此，有些人选择向他人发泄，有些人选择闷在心里，也有些人感到无所适从。殊不知，运动是排解压力的一种行之有效的好方法。

孙女士是一位医生。自年初医院开始实行末位淘汰制以来，孙女士的心理压力很大，经常感到头昏脑涨、四肢乏力、心浮气躁，脾气也越来越不好。半年以后，她人瘦了不少，气色也不再红润，有人说她得了抑郁症。近几个月，同事们普遍反映：以前那个心浮气躁、总感不适的孙医生摇身变成了稳重大度、耐心敬业的人。是什么让她放下压力、乐观地去工作与生活？孙女士说，是运动，自从每天练瑜伽、散步，她感到浑身有使不完的劲。

生活中，像孙女士一样存在心理问题的人并不少见。生活中的种种问题让他们情绪不佳，却不知如何宣泄。其实，运动就是一个很好的方法。

我国著名的地质学家李四光，在伯明翰大学学习期间，正值第一次世界大战爆发。以英、法、俄为一方的协约国和以德、意、奥为一方的同盟国，为重新瓜分世界，争夺殖民地，展开了生死大战。一时间，生活物资日益短缺，物价开始上涨，生活极度困难。许多留学生已无法忍受，纷纷离开英国。但李四光硬是凭着顽强的毅力和从小养成的坚忍精神，节衣缩食，克服了种种困难，坚持了下来。他常常利用假期，跑到矿山做临时工，赚钱维持生活，继续完成学业。

在这样艰难的时候，他乐观旷达，劳逸结合，偶尔在假日走进公园，看看名胜古迹，并利用业余时间学会了拉小提琴，还成为终生的爱好。

的确，一个真正会学习的人不会打疲劳战，而是懂得通过身体锻炼来调节。不知你有没有这样的体验：当情绪低落时，参加一项自己喜欢又擅长的体育运动，可以很快地将不良情绪抛之脑后。这是因为体育运动可以缓解心理焦虑和紧张程度，分散对不愉快事件的注意力，将人从不良情绪中解放出来。另外，疲劳和疾病往往是导致人们情绪不良的重要原因，适量的体育运动可以消除疲劳，减少或避免各种疾病。

我们每个人都会产生一些负面情绪，都有心情不好的时候。比如，我们会愤怒，有人在愤怒时通过摔东西来发泄，现今已衍生出这样的商业服务。人在摔东西时的体力活动可以缓解愤怒、不满和烦恼等负面情绪。

然而，摔打东西并不是唯一的选择，我们还可以通过其他体力活动来缓解。心情不好的时候找个场地锻炼锻炼身体，身心都能获益。如能有朋友一起陪伴锻炼，调节情绪的效果会更好。

对大多数人来说，日常生活中，只要我们能多参加运动，适当调节自己，就能获得快乐的心情、赶走不快的情绪。因为运动的效果是积极的，它可以激发人积极的情感和思维，从而抵制内心的消极情绪。此外，运动时能促进大脑分泌一种化学物质——内啡肽。内啡肽可以帮助我们降低抑郁、焦虑、困惑以及其他消极情绪。通过改善体能，也能增强自我掌控感，重拾信心。

然而，有人说，运动会出汗。运动当然会出汗，这是毋庸置疑的，但除了汗水之外，我们收获的会更多，我们的身心会在汗水中得到释放。再者，并不是所有的运动都和人们想象的一样出很多汗，就比如游泳。夏天，最好的运动方式莫过于游泳。当然，无论哪种运动，出点汗都是好事。出汗之后，只要能迅速补充水分补充矿物质，再加上一个热水澡，那么剩下的就是舒舒服服的感觉了。尤其是在经过了一段时间的剧烈运动后，那些所谓的烦恼都被抛到九霄云外了，你会觉得身心畅快。

当然，体育锻炼不是劳作，而是快乐的追求。运动时刺激大脑分泌的内啡肽可以使人们体验到一种享受的感觉，这是体育锻炼的内在推动力。亲近大自然、新鲜空气和阳光，享受亲情、友情和团队的支持……很多与运动有关的外在因素也会推动锻炼的人们感受快乐。

安排体育锻炼计划，就如同安排一个感受快乐的时间表，让运动的快乐如期而至。健康不会远离，生活中的种种美好也会陪伴在左右。

体育锻炼作为一种健康、积极的生活方式，在增强人们体质、提高人体健康水平中发挥着不可替代的作用。而最为重要的是，健康的身体机能能起到调节心理的作用。因此，当你心烦意乱、心情压抑时，适度运动可带来好心情。虽然运动对于排解不良情绪有益，但也应该把握适当的度，否则会对身体机能造成损害。并且，要选择自己喜欢的运动，这样才能有恒心持久地锻炼下去。

第09章

抵制身心懒散：通过心理调节锻炼意志力

心理学让你
内心强大

危险和诱惑是对意志力的两种威胁

我们都知道，一个能战胜自己的人是无敌的。通常，我们遇到的最强大的对手不是别人，而是自己。要想参与激烈的竞争，并在竞争中取胜，就必须先做到自控。一个有自控心的人能够不断克服陋习、完善自己；一个不能自控的人却会被自己的一个小缺陷轻易击败。人或强大或弱小，是由能否战胜自我而决定的。然而，并不是所有人都能恰到好处地控制自己的行为，这是因为，很多时候，我们生活的周遭世界里，总是会出现一些能够动摇我们内心的威胁。这些威胁让我们摇摆不定，忘却了该如何做正确的决定，甚至做出错误的决定来。关于自控力的威胁，我们可以总结为两大类：

第一，危险逼近的时候。当我们遇到危险的时候，我们会本能地抵抗。比如，当别人用武器击打我们，我们会用手挡住自己的头部，然后可能会自卫反击；当别人辱骂我们时，我们也可能会以牙还牙；当别人做了一些对我们不利的事时，我们会生气、愤怒……但事后我们会发现，这些反应并不一定是正确的，甚至有时候会让我们陷入情绪带来的恶性循环中。愤怒与生气以及其他一些负面情绪对于解决危险本身并无益处，反而还会让我们找不到头绪,此时,"心"的自控很重要。我们应该学会将注意力和感知力集中在危险源和周边环境上,而非自身或其他什么东西。

曾经,有一个经验丰富的高级间谍被敌军抓住了。他立即想到,要想逃脱,就必须装聋作哑。当然,敌军也怀疑他是否真的不会说话。于是,他们开始运用各种方法盘问他,无论是诱惑还是欺骗,他都不为所动。于是,到最后,敌军审判官只好说:"好吧,看来我从你这里问不出任何东西,你可以走了。"

这个间谍当然心里明白,这只不过是审判官检验他是否说谎的一个方法而已。因为一个人在获得自由的情况下,内心的喜悦往往是抑制不住的。如果他此时听到审判官的话后立即表现得很愉快或者激动,这反而证明他听得到审判官的话。那么,他就不打自招了。因此,他还是站在原地,审问继续进行。最后,这名审判官不得不相信,他真的不是间谍。

就这样,有经验的间谍以他特有的自制力,幸存了下来。

看完这个故事,我们不得不惊叹,多么精明的间谍。他之所以能保住自己的生命,就在于他拥有超强的自控力。假如他在获得自由的情况下没有抑制住内心的喜悦,那么,他势必会露出破绽而丧失存活的机会。

在这一问题上,拿破仑·希尔也是这样做的。每当他遇到别人用难听的言辞来批评他时,他总能做到自我屏蔽,让自己免除无谓的烦恼。从那个时候起,拿破仑·希尔结交了更多的朋友而减少了很多的敌人。这成为拿破仑的一生中一个非常重要的转折点。他说:"我知道,一个人只有先具备了自控能力,才能去影响别人。"

第二,诱惑逼近的时候。当一人在遭遇诱惑时,他的大脑会自动释放出一种叫作多巴胺的神经递质,它会控制负责注意力、动机和行动力的大脑区域。

诚然,我们每个人都有欲望,这是不可能完全消除的,但我们必须学会对抗和控制它。尤其在物质极大丰富、文化生活日趋多元的现代社会,我们如果不能控制欲望,那么很容易迷失自我。

有一家大公司准备高薪雇用一名卡车司机。经过层层筛选之后,只剩下3名技术最优良的竞争者。主考官问他们:"悬崖边有块金子,你们开着车去拿,觉得最小能距离悬崖多近而又不至于掉落呢?"

"2米。"第一位说。

"半米。"第二位很有把握地说。

"我会尽量远离悬崖,越远越好。"第三位说。

结果第三位竞争者被留了下来。

可见,对于诱惑,你没有必要去和它较劲,而应离得越远越好。

总之,在诱惑尤其是不良诱惑面前,我们一定不能"上当"。而应该做到:一旦找准了的目标,就要一心一意地去努力,更要懂得外界的诱惑是我们成功道路上的绊脚石。但是这些绊脚石和我们生活上遇到的困难不一样，不能把它当作垫脚石，而是要远离这些诱惑，更要学会抵制诱惑。这样，我们才会离成功更进一步。

危险和诱惑是对我们意志力的威胁。要提高自己的意志力，对抗这两种威胁，我们需要从"心"做起。你应该问自己的是"我的身体到底在做什么"，而不是"我到底在想什么"。当你得出正确的答案时，你也就能采取正确的行动了。

美好人生从自控开始

古人云："天将降大任于斯人也，必先苦其心志，劳其筋骨，饿其体肤，空乏其身，行拂乱其所为，所以动心忍性，曾益其所不能。"古之成大事者，往往都能做到"动心忍性"，而这种自制力的来源就是自控心理。一个人只有认识自我，才能战胜自我、超越自我。金无足赤，人无完人，人最大的敌人就是自己。只有能够战胜自我的人，才是真正的强者。很多时候，一个人是否有自控心理，是否有自控力，它的意义就像方向盘对于汽车一样。不难想象的是，一个汽车，如果没有方向盘的话，就不能在正确的轨道上运行，最终也只能走向车毁人亡。而一个自控心理强的人，就像一个有着良好制动系统的汽车一样，能够在很大程度上随心所欲，到达自己想要去的任何地方。因此，我们可以说，美好人生，就是从自控心理开始的。

巴西球员贝利,被人们称为"世界球王""黑珍珠",在很小的时候,他就对足球表现出惊人的天赋。

有一次,贝利和他的同伴们刚踢完一场足球赛,已经精疲力尽的他找小伙伴要了一支烟,并得意地吸了起来。这样,原先的疲劳都已经烟消云散了。然而,这一切都被他的父亲看在眼里,父亲很不高兴。

晚饭后,父亲把正在看电视的贝利叫过来,然后很严肃地问:"你今天抽烟了?"

"抽了。"贝利知道自己做错了事,但也不敢不承认。

但令他奇怪的是,父亲并没有发火,而是站了起来,在房间里来回踱步,接着说:"孩子,你踢球有几分天资,也许将来会有出息。可惜,抽烟会损害身体。你现在抽烟了,会使你在比赛时发挥不出应有的水平。"

听到父亲这么说,小贝利的头更低了。

父亲又语重心长地接着说:"虽然作为父亲的我,有责任也有义务教育你,但真正主导你人生的是你自己。我只想问问你,你是想继续抽烟还是做一个有出息的足球运动员呢?孩子,你已经长大了,该懂得如何选择了。"说着,父亲还从口袋里掏出一沓钞票,递给贝利,并说道:"如果你不想做球员了,那么,这笔钱就给你做抽烟的经费吧!"父亲说完便走了出去。

看着父亲的背影,贝利哭了。他知道父亲的话有多大的分量。他猛然醒悟了。他拿起桌上的钞票还给了父亲，并坚决地说："爸爸，我再也不抽烟了，我一定要做一个有出息的运动员。"

从此以后，贝利再也不抽烟了。不仅如此，他还把大部分时间都花在刻苦训练上，球艺飞速提高。15岁加入桑托斯足球俱乐部，16岁进入巴西国家队，并为巴西队永久保留"雷米特杯"立下奇功。如今，贝利已成为拥有众多企业的富翁，但他仍然不抽烟。

欲胜人者先自胜！胜人者有力，自胜者强。谁征服了自己，谁就取得了胜利。学会自控，征服自己的弱点，正是一个人成功的起始。大凡成功的人，都有极强的自控力。的确，自控心理能帮助我们抵制很多不良习惯，如懒惰、拖延等；缓解不良情绪，如冲动、愤怒、消极；抵御外界形形色色的诱惑，等等。但如果你无法自我控制，那么那些不良的行为和情绪就会占据主导地位，从而控制你。那么，你很快就会失去奋斗的激情、学习的动力，甚至会偏离人生的正确方向，误入歧途。

可见，我们每一个人都应该认识到自控心理对于人生发展的重要性。所谓自控，顾名思义，就是自我控制。一个人只有坚决地约束自己、战胜自己，最终才能战胜困难，取得成功。而其实学会自控并不难，你只需要做到控制自己的心。只要我们遇到事情多想想要不要去做，后果会怎样，相信我们就一定能控制自己的言行。

保罗·盖蒂是美国的石油大亨，但谁也没想到的是，他曾经是个大烟鬼，烟抽得很凶。

曾经有一次，他在一个小城市的小旅馆过夜。半夜的时候，他的烟瘾犯了，就想找一根烟抽。但他摸了摸上衣的口袋，发现是空的。他站起来，开始在包里、外套口袋里等地方寻找，可是都没有。于是，他穿上衣服，想去外面的商店、酒吧等地方买。没有烟的滋味很难受，越是得不到，就越是想要。

就在盖蒂穿好了衣服，伸手去拿雨衣的时候，他突然停住了。他问自己：我这是在干什么？

盖蒂站在门口想，一个应该算得上相当成功的商人，竟然在半夜要冒雨、走几条街去买一盒烟？没多会儿，盖蒂下定了决心，把那个空烟盒揉成一团扔进了纸篓，脱下衣服换上睡衣回到了床上，带着一种解脱甚至是胜利的感觉，几分钟就进入了梦乡。

从此以后，保罗·盖蒂再也没有拿过香烟。当然他的事业也越做越大，成为世界顶尖富豪之一。

这里，我们看到了一个真正的强者。他懂得约束自己的行为，懂得为自己的所作所为负责。这样的人必能在人生道路上把握好自己的命运，不会为得失而越轨翻车。

我们听过这样一句话："上帝要毁灭一个人，必先使他疯狂。"这句话的意思是，一个人，一旦失去自制力，那么他距离灭亡的距离也不远了。的确，一个人连自己的行为也不能控制，又怎么能做到以强大的力量去影响他人，获得成功呢？

第 09 章
抵制身心懒散：通过心理调节锻炼意志力

失去控制最终会使你的人生失败。唯有自制的人，才能抵制诱惑，有效地控制自身，把握好自我发展的主动权，驾驭自我。一个人除非能够控制自我，否则他将无法成功。

锻炼意志力，消除懒惰

我们都知道，意志力被认为是一个人心理素质优劣、心理健康与否的衡量标准之一，也是人生未来成功的关键因素之一。生活中的我们在追逐人生目标的过程中，都有必要在意志力这一方面训练自己，它不仅能对当下我们的性格品质的形成有帮助，而且对今后的人生道路也有很大的影响。

韩愈自幼父母双亡，是哥哥嫂嫂把他抚养成人。因此，他比一般的孩子更成熟、更努力。从7岁开始，他便出口成章。后来，哥哥因为官场受牵连，被贬岭南。他只好和哥哥嫂嫂一起迁往岭南生活，又过了几年，哥哥病逝了，他跟着嫂嫂带着哥哥的灵柩从岭南回到中原。可那时，兵荒马乱，只得半路停在宣州（今安徽宣城）。可以说韩愈命途坎坷，历尽艰苦。

尽管身世如此凄苦，韩愈并没有被打垮，反而更激发了他对学习的热情。后来，韩愈在《进学解》一文中，曾借学生的口说出他在治学方面所下的功夫："焚膏油以继晷，恒兀兀以穷年。"这句话的意思是，白天需要苦读，即使到了夜里，还是会点煤油灯继续用功，努力不懈。正是靠着这样的努力，韩愈学问精湛，尤其是散文，写得气势磅礴、文采斐然，成为"唐宋八大家"之一的大文豪。

韩愈的一生坎坎坷坷，但勤奋的他最终取得了文学上的辉煌。人的本性中，有很多消极的部分，其中就有惰性。懒惰是成功的阻碍。而克服惰性，你就需要自制。反之，如果一个人自认为自己是聪明的就不继续学习，那么，他就无法使自己适应急剧变化的时代，就会有被淘汰的危险。

南北朝时，有一位名叫江淹的人，他是当时有名的文学家。江淹年轻的时候很有才气，会写文章也能作画。可是当他年老的时候，总是拿着笔，思考半天，却写不出任何东西。因此，当时人们谣传说有一天，江淹在凉亭里睡觉，做了一个梦。梦中有一个叫郭璞的人对他说："我有一支笔放在你那里已经很多年了，现在应该是还给我的时候了。"江淹摸了摸怀里，果然掏出一支五色笔来，于是他就把笔还给郭璞。从此以后，江淹就再也写不出精妙的文章了。因此，人们都说江郎的才华已经用尽了。

当然，我们需要控制的不仅是惰性，还有诱惑、贪婪、自私等。那么，我们该如何增强自己的意志力呢？为此，我们不妨从以下几个方面训练自己：

1. 充分估计困难，做好准备

无论做什么事情，都需要专注、勇敢、拼搏。但在朝着这个目标去做的过程中，会有很多困难接踵而至。如果你在做事之初没有准备好，那么这样的突袭很容易使你的意志溃不成军。所以在做每件事情之前,你要充分预测可能遇到的阻碍和诱惑,并为之做好准备,想到应对的办法。

2. 权衡思考

通常,当我们想去做一些不必要的事情来寻求快乐的时候,为了让自己心安理得,我们会给自己找一些借口。比如郁闷、没心情学习等,这些借口大部分过分强调即时性,实际上我们是有意识地过分夸大了这些看似紧急但毫无意义的事情。这时我们可以理性地问自己:"是不是借口?"然后从全局来考虑:我是不是在追求远大的目标,长久的快乐?我的人生目标难道是看更多的精彩节目?这些即时的东西对我有什么实质帮助?相比学习,如果去贪图眼前的小快乐,自己将会损失那个远处的大快乐,值不值?权衡之下,你就会做出明智的决定。

3. 自我暗示

当自己学了一会儿就感到静不下心时,闭上眼睛,调整呼吸,然后有意识地把自己学习一段时间后产生的厌倦情绪忘掉。可以暗示自己其实是刚刚开始学习,然后做出奋斗的神态开始继续学习。

4. 多分析结果

你不妨也学习那些成功人士思考问题的方式。让自己的心静下来,多分析事情的前因后果:如果多花些时间学习,会取得什么样的结果;如果贪玩,把时间花在上网、玩游戏、吃喝玩乐上,又会有什么样的结果。关于这些问题,其实我们可以列一个表。在表里填下现在忍耐吃苦的话,将来会获得什么快乐;现在就急于求乐的话,将来会承受什么痛苦。比较之下,你就能看到事情的不同面和不同结果,自然也就知道当下的自己该做什么了。

5. 树立一个学习的榜样

这种方法,需要你首先选定几个你认为已经很成功的人,比如比尔·盖茨、戴尔·卡耐基、松下幸之助、李政道……当然,你也可以选择一个你认为意志力很强的人,了解一下他是怎么勤奋工作学习的。有了这样的行为榜样,你就会想到如果是那些人将会怎么做,你也就可以自觉取舍了。

6. 行为惯性法

比如你可以给自己划定一个比较固定的时间段,规定在这段固定时间内,只能做哪些事情。例如,每天晚上11点(睡觉前),喝一杯牛奶,这是很容易做到的。你的头脑会渐渐地变得愿意执行任务。在习惯之后,你再逐步加入一些难度较大的任务,当一切形成习惯之后,意志力也就随之增强了。

自制力的增强不是一蹴而就的,需要我们在日常生活中不断"修心"。只有训练出自制的心,才能有效地控制自身,才能驾驭自我,最终成功驾驭自己的人生。

第 10 章

控制内心的欲望：抵御美食诱惑的心理能量

心理学让你
内心强大

吃一块糖和两块糖的区别

在物质极大丰富、文化生活日趋多元的现代社会，各种各样的诱惑不断充斥着人们的生活。人们很容易在追求物质享受中逐渐迷失了自我，像一艘失去航向和动力的大船，或远离航道，或停滞不前。事过之后才清醒，却只有追悔莫及，抱憾终生。在众多诱惑之中，我们最先应该控制的是美食。"民以食为天"，口腹之欲是最基本的欲望。生活中，人们常说："要想抓住一个人的心，先要抓住一个人的胃。"这句话足见美食对人们的诱惑。事实上，能否控制自己的欲望，管住自己的嘴是第一步。

你是否曾经有这样的经历：你的体重已经明显超标，但看到广告单上的美食宣传，你还是忍不住尝尝？你是否天天喊着减肥口号却从未实施呢？你是不是将自己的格言定为"不吃饱饭，哪来的力气减肥"呢……一个连自己的嘴都把控不了的人，又怎能成就大事呢？

美国心理学家沃尔特·米歇尔曾做过这么一项实验：

一天，他来到一所幼儿园，挑选出了某个班级的所有4岁的小朋友。然后，发给他们每人一块软糖，并告诉他们，他有

第 10 章
控制内心的欲望：抵御美食诱惑的心理能量

点事，大约20分钟后回来，如果谁能在他回来前还保存着这块软糖，那么谁就能获得第二块软糖，而假若谁做不到，自然就没有奖励了。

结果，如沃尔特·米歇尔所预料的，有些孩子禁不住诱惑，就吃掉了这块糖；而有的孩子为了得到第二块糖，便坚持了20分钟，保存着这块软糖。为此，沃尔特·米歇尔记下了这些孩子的名字，并对他们做了长期的跟踪调查。

等到他们高中毕业后，米歇尔发现，原先那些坚持了20分钟的孩子大多有这样一些更为优秀的表现：他们有很强的自信心，更独立、积极、可靠，能够很好地应对挫折，遇到困难不会手足无措和退缩；而那些没能坚持的孩子长大后大部分都表现为退缩羞怯、经不起挫折失败、好妒忌、脾气急躁。更令人吃惊的是，他们在学习成绩上也有显著的差异。前一类孩子的学习成绩远远要好于后一类孩子的成绩！

这个实验的最终结果表明，孩子的自控能力，在一定程度上决定了其未来的发展。它同样也告诉生活中的我们，一个人的自控力如何，直接关系到他在人生路上走得是否平稳。那些有所成就者的一个必备特质就是自控力强。

那么，生活中，在数量不同的"糖"面前，你是否能看到背后的区别呢？假设现在有三块糖，你大可以一吃为快，将三块糖全部吃完。但这就意味着接下来你没有了糖。而那些聪明的人会选择一天吃一块，那么接下来的两天，他们都能尝到"甜头"，并且这是一种健康的饮食方法。研究表明，对于相同的食物，多分几次食用比一次性食用效果更好。在少吃多餐的情况下，所吃食物不会给肠胃造成负担，食物中的能量也能很快被身体吸收。而最为重要的是，后者训练了自己的自控力，一个能控制自己对美食的欲望的人，才能谈得上控制自己更高层次的欲望。我们再来看下面一个故事：

这天，妈妈给了洋洋一块糖。然后她把另一块糖也放到洋洋面前，说："洋洋，现在有两块糖，你今天只能吃一块，不过你如果实在忍不住了，还可以吃第二块，但是明天的糖就没有了。如果你不吃第二块，明天妈妈还会再给你两块。"

洋洋很聪明，她歪着脑袋天真地问妈妈："那我今天都不吃，明天能给我三块吗？"

妈妈很吃惊小小的洋洋居然这么问。不过她庆幸的是，洋洋才4岁，就已经有了这么强的自控能力了。于是，妈妈高兴地说："当然可以啊！"

一个小小的孩子都能有这样的自控能力，那作为成人的我们呢？其实，生活中，我们的周围何处不存在"糖"的诱惑呢？在众多美食面前，你是浅尝辄止，进而让明天和后天都有"糖"吃，还是一次性吃完所有的美食呢？其实，我们可以很明显地看到这两种选择带来的不同结果，那么我们就应该做出明智的选择。

生活中的任何一个人，要想让自己具备超强的自控力，首先就要训练自己的初级自控力——拒绝美食的诱惑。为此，你必须要看到吃"一块糖"和"两块糖"的区别，暴饮暴食与不加节制地饮食，不但会让你的身材和健康逐渐偏离正常的轨道，更重要的是，这表明你对自己的把控能力正在逐渐消减！

一味地节食减肥并不可取

不难发现，在我们生活的周围，肥胖者越来越多。那为什么会有这样的现象呢？有关研究表明，不良的饮食习惯是造成肥胖的重要原因，其中之一就是饮食无节制、吃得太多。除了一日三餐，大部分人还有吃零食的习惯，实际上，这些零食中都含有很高的热量和脂肪。也有人喜欢在睡前吃东西，然而这些糖分和营养不能及时消耗掉，容易积存在体内转化成脂肪，从而导致肥胖。

找到这一原因后，很多人开始尝试减肥。他们认为，只要节食就能取得一定的效果，而实际情况似乎并不是如此。我们只有找到肥胖者之所以肥胖的内在原因，才能找到真正的解决方法。20世纪60年代，研究者针对肥胖者和体重正常者做了一个实验。

研究者提供了两种不同的花生，一种是带壳的，一种是去壳的。体重正常的人所吃的量并没有因花生的种类而发生改变，但对于那些体重肥胖的人，他们吃的去壳的花生远远多于带壳的花生。

因此他们从去壳的花生那里收到的信号是："来吃啊。"

并且，这一信号远比那些带壳花生所发出的强烈。

从这个实验中，研究者刚开始假设，肥胖者体重超标的原因是：他们忽视了身体内部"已经吃饱了"的信号。这个解释表面上看很合理，但后来研究者却意识到自己混淆了原因和结果。是的，肥胖者会忽视内部线索，但是这并不是他们变胖的原因。

那他们肥胖的真实原因是什么呢？

真相是：他们很有可能节食，而节食的结果是他们开始依赖外部线索，而不是内部线索。节食者的基本习惯是：他们根据计划吃东西，而不是内部需要。也就是说，一般来说，节食者很多时候是处于饥饿状态的。更准确地说，节食意味着学会在不饿的时候吃，最好学会忽视饥饿感。当然，在你严格遵循规则的时候，你的规则就能帮你好好控制体重。但一旦你违反一次规则，你的行为就很难停下来。正因为如此，所以即使你已经吃了两个汉堡，喝了一大杯奶昔，但你看到甜品时，你还是无法克制欲望。

因此，如果你是个肥胖者，你希望能减肥，其实节食对于你来说并不是什么好主意。

专家曾经在2007年做过一次调查。调查结果表明，节食不仅对减轻体重没有什么好处，而且可能有害身心健康。

我们的周围也不乏这样的事例：那些节食者并没有好好控制自己的体重，还使得体重反弹到减肥前的水平，甚至还增加不少。曾经有很多研究结果显示：循环的节食会使得人的血压

第 10 章
控制内心的欲望：抵御美食诱惑的心理能量

和胆固醇上升，会抑制人体的免疫系统，还会增加心脏病、中风、糖尿病和其他原因导致的死亡风险。

那么，人们为什么会产生节食减肥的想法呢？

因为人们的思维是一刀切的。人们简单地认为不吃高热量食品最有效。事实上，这种思维导致了很多问题。人们在思维上越是抑制的东西，越是对我们有诱惑力。

举个很简单的例子，如果你在家中放了一大杯冰激凌，然后告诉你的孩子不许吃，那么结果可能会令你失望。事实上，很多肥胖的女士也无法抵制甜品的诱惑，她们不但无法真正戒掉甜食，反而会在节食后吃得更多。这种反弹在很大程度上是心理上的，而不是生理上的。你越是想避开某种食物，你的脑海里就越会充斥这种食物。

那么，可能你会产生疑问，难道就没有有效的减肥方法了吗？当然不是，合理和正确的饮食习惯便能帮助我们。

健康的饮食减肥的第一步，就是建立健康的饮食方式。这并不是挨饿，而是在保证必需营养的前提下尽量减少热量摄入，想尽一切办法"节源开流"。记住能量守恒定律，只要摄入能量低于身体消耗的能量，就会动用身体里的储备能量，就能达到减肥的效果。

不管你的意志力如何，如果你在减肥，那么你就不要长时间坐在甜品桌旁边。也许你会告诉自己说"不可以"，但你实际不太可能真的做到，你会不自觉地将这种"不可以"变为"可以"。因为节食对于肥胖者来说是一项耗费意志力的活动,当他们的意志力变弱又碰到特别诱人的食物,为了继续抵制诱惑,他们需要补充损耗掉的意志力。为了补充那些能量,他们需要让身体摄入葡萄糖。另外,你需要回避甜品车,或者还有更好的办法,从刚开始就避免节食。不要把意志力浪费在严格的节食上,要摄入足够的葡萄糖来保存意志力,把自制力用在更有希望的长期策略上。

另外,减肥并不是要戒掉高热量食物,而是要尽量少吃,比如快餐店中的炸薯条、炸鸡、可乐等。这类食品的热量高、胆固醇高,吃太多不仅容易发胖,令你的减肥工作前功尽弃,还会让你的体重增加。

再者,在减肥这一问题上,我们完全没有必要认为它是一个痛苦的过程,而应该把节食看作一段有趣的经历。这样你才更容易达到目标。

适当的运动也许也能帮到你。将丰富多样的运动方式穿插结合在一起,可以在一定程度上克服枯燥感。运动的方式很多,有散步、速走、跑步、跳绳、打羽毛球、登山、游泳。你也可以在健身房实现这一目的。

的确,现实生活中,越来越多的人饱受肥胖的困扰。肥胖不仅影响体态形象,严重的还会有害健康。很多爱美者都想远离肥胖,然而这却非易事。要想解决这一问题,我们首先要弄清楚肥胖的内在原因,从而采取正确的减肥方式。

第 10 章
控制内心的欲望：抵御美食诱惑的心理能量

实现用心理战胜嘴巴

随着生活条件的改善，人们对吃喝的诉求逐渐增多，长期摄入过多的动物脂肪、植物油和碳水化合物，超过肝脏的代谢能力，肝脏便被迫变成了"脂肪仓库"。很多人陷入了身体肥胖的苦恼中，因此，管住自己的嘴很重要。当然，这考验的是我们的意志力。一个意志力坚强的人才能抵御住美食的诱惑。其实，我们也不难发现，在我们生活的周围，有不少减肥成功的人，他们为什么能做得到？也许就是因为他们能做到用心理战胜嘴巴。我们来听一听以下减肥成功者的心得：

"每当我想吃巧克力的时候，我就告诉自己，如果我吃了第一块，那么我绝对会接着吃下去。这样，我前期的努力不就白费了？"

"我减肥的动力是每天照镜子，看到镜子里胖胖的自己，我就有毅力了。我告诉自己，如果我想变美，我就必须要管住自己的嘴。"

"肥胖实在太让人苦恼了，每天走路都很吃力。我告诉自己，如果我能坚持下来，就能瘦下来，我一定会活出一个新的人生。"

"我减肥的最初动力是因为一次逛街。那天，我试了一件衣服，但无奈，我太胖了，走出店的时候，我听到导购员在小声地议论：'我们店还真没有她穿的号。'在那一刻，我受到了强烈的打击，我发誓一定要瘦下来。"……

这就是意志力。的确，很多时候，在"吃"与"不吃"之间，人们常常陷入困境之中。他们制订了一定的饮食计划，"不吃"的话，实在忍受不住美食的诱惑，"吃"的话，又会让他们破坏规则，甚至让自己的食欲一发不可收拾。他们会在心底产生一个声音："去他的。"然后说："开始大吃吧。"那些禁忌的甜食和高脂肪食品会变得特别难以抵制。这也是节食者的苦恼，自我控制会让他们消耗掉血液里的葡萄糖。如果你曾经也节食过，那么你肯定有过这种感受：你越是压制自己吃的欲望，你越是摆脱不了对巧克力和冰激凌的强烈渴望。这其实并不是一个人的心理问题，而是有生理基础的。因为身体本身也会这样觉得，它"知道"自己需要葡萄糖，它还"知道"吃甜食能迅速补充葡萄糖。

曾经有一项心理实验，被测试者是一群大学生，他们被要求自我控制。这项自我控制与食物和节食没有半点关系，但结果却表明，他们对甜食的渴望更加强烈了。

后来，研究者允许他们在实验间隙吃点甜食，结果发现，这些曾自我控制较好的人吃了更多的甜食，而对于摆在现场的其他味道的食品，他们并没有多吃。

因此，从这个角度看，一个人若想管住自己的嘴巴并不是件容易的事。我们不仅需要战胜自己的心理，还需要尽量弱化自己身体的某些"知道"。当然这更需要我们的意志力，有了意志力，再加上一些策略，我们一定能成功减肥。

如果你对食物的渴望过于强烈，那么你可以试试以下几种

第 10 章 控制内心的欲望：抵御美食诱惑的心理能量

策略。

首先，你可以采用延迟享乐策略。现在，如果摆在你面前一杯诱人的冰激凌，你很想吃。但你可以吃点别的能量低的东西，比如生菜、水果等。

你之所以渴望这些能量高、糖分高的食品，是因为你在潜意识中告诉自己它能迅速帮助你补充能量。但实际上，其他食品，当然也包括那些健康食品同样能做到。

接下来，你要告诉自己，这杯冰激凌并不是你需要的，吃下它并没有什么好处。这样，你就完成了抵制美食诱惑的第一步。

其次，你应该尽量避免与那些对你产生诱惑的美食接触。如果你家在一家冰激凌店旁边，你是否会经常有意无意地买点冰激凌吃呢？肯定是，尽管你以前没有这一爱好。那些体重超标者对那些巧克力和冰激凌等甜食"又爱又恨"，也就是这个原因。他们每天都会闻到诱人的甜食的香味，但一旦吃了这些美食，他们又后悔不已。因此，如果你有意避开这些美食，那么你便能做到"清心寡欲"了。

再次，想象成功。简单地说，如果你是个减肥者，那么你可以建立一个习惯：经常想想你达到理想体重时将会是什么样子。那时候的你应该是身材苗条的、有活力的、健康的、身轻如燕的。只要你能减肥成功，你就能充分地利用自己的天赋和才能。你可以背上行囊去游历祖国的大好河山而不会累得气喘吁吁。

当然，如果你发现那些甜点和高脂肪食品正在向你"招手"，那么你要进行积极的想象而不是消极的，你不要想自己有可能经不住这些食物的引诱，而应该想想避开这种诱惑的方法。

你可以想象的是：此时的你身体健康、肠胃健康，你坐直了身体，然后对这些食品微笑着说："不用了，谢谢。我已经吃饱了。"

你还应想的是：一个连自己体重都控制不了的人还能做什么大事呢？如果你能减肥成功，你希望你的生活做出哪些调整呢？你希望实现怎样的事业？你又将会对其他的人和周围的世界作出怎样的贡献？试试把自己的这些想法写下来，即使它可能只有短短的一段话。把自己的想象变成文字可能会有助于你继续努力前进。想象的成功往往是实现成功的第一步！

最后，寻找精神力量。肥胖确实会为现代社会爱美和爱面子的人带来一定的烦恼，但你不应该因此而丧失辨别能力，也不应该把所有的精力放到所谓的减肥和节食上。如果你能抽出身来，将自己投入到大自然中，那么你会忘却美食的诱惑，感到前所未有的轻松。

你不必总是沉浸在饮食和运动中，也不需要关注那些最新的美食信息，不要让这些事情消耗掉你的注意力和时间。每天早上起来，你都要告诉自己，今天你要认真、健康地生活，你要对自己负责。闲暇时，不要总是约朋友去聚餐、吃饭。你可以多看看书，可以去看看话剧，可以到大自然中去，去享受一年中每个季节的不同景致的乐趣。

第 10 章
控制内心的欲望：抵御美食诱惑的心理能量

生命是短暂的，我们每个人都有太多的事需要做，我们需要健康和轻盈的身体。因此，不要总是把精力放到口腹之欲上。抵制对美食的诱惑，管住自己的嘴巴，并不是件容易的事，需要我们调动自己的意志力，掌握一些心理策略。总之，做到用心理战胜嘴巴，我们就实现了自控的第一步。

抵御美食的诱惑是实现自控的第一步

中国人常说："民以食为天。"中国是饮食文化悠久的国度，人们讲究吃、热爱吃。在中华大地上，充满了各种各样的美味。我们从不否认食物对人的健康的重要性，"人是铁，饭是钢"，食物能为我们的身体提供能量，我们只有在保证身体能量充足的情况下，才能进行正常的工作和学习。但对于食物，我们绝不能毫无抵抗力。事实上，抵御美味的诱惑是自控的第一步。一个人如果连自己的嘴都控制不住，又怎么能控制自己的行为，最终掌控自己的人生呢？

凯瑟琳是个典型的女强人。从大学毕业入职到现在已经有8年时间，在这8年时间内，她为公司带来很多利润，如今的她已经是这家公司的副总了。但令她烦恼的是，和她的工作成绩一样，她的体重也是"蒸蒸日上"。这主要是她的饮食习惯导致的。

在曾经的几年时间内，她最大的爱好就是在办公室的抽屉里放上巧克力，每隔半小时就得吃一块，甚至一次吃上五六块，她很喜欢巧克力在嘴里融化的感觉。只要能吃上一口巧克力，她即使再累，也会立即有了精神。

但如今的凯瑟琳却不知如何是好。她知道问题出现在这里，但怎么才能解决呢？

凯瑟琳是个很有意志力的人。她上学时曾在半个月内把成绩从全班第十名提升到全年级第三名，她曾经为了在校运动会上拿到八百米赛跑的第一名，而每天早上五点起来锻炼；她曾经在和一个客户打交道的过程中被客户拒绝了十几次，却依然没有放弃……想到这些，凯瑟琳告诉自己，难道区区几块巧克力就能打倒自己？

说做就做，她从自己的抽屉里撤掉了这些巧克力，把它们分给了办公室的那些下属们。当然，她常常会怀念那些巧克力的味道。曾经一段时间内，巧克力的诱惑力一直沉甸甸地挂在她心头。但她问自己，如果自己偷偷吃了一块，那么，自己会不会找借口吞下另一块？这种压力如此之大，以至于凯瑟琳宁愿给10米开外的下属打电话或发邮件，也不愿意走过去面对他们桌上诱人的巧克力。

就在三周以后，凯瑟琳发现，自己完全能控制住自己对巧克力的欲望了。她甚至能弯下腰去闻下属桌上巧克力的香味而不去吃。

凯瑟琳的很多姐妹都感到诧异。她们依然拿着自己心爱的奶昔、薯条，慨叹自己为什么意志力如此薄弱。相比之下，

第 10 章
控制内心的欲望：抵御美食诱惑的心理能量

凯瑟琳也无法想象自己竟有这么坚强的意志。不过无论什么原因，她做到了。她又看到了自己昔日苗条的身材，现在的她也更有自信了。

案例中的凯瑟琳是个自控力很强的人，在意识到巧克力对自己身体的危害之后，她能果断"戒掉"。这对于很多无法抵抗住美食诱惑的人来说是一个很好的激励。

的确，美味是一种挑战——挑战人类的勇气，也挑战人类的理智。我们常常以尝遍天下美食为豪，但我们为了口腹之欲所付出的代价却没有让我们明白一个道理：对于美食的诱惑，我们同样应该学会抵抗。

在我们需要抵抗的诱惑中，有名利地位的诱惑。在我们需要控制的欲望中，有对物质的欲望，有对精神的欲望。但无论如何，我们首先要做到的是抵御美食的诱惑，它是自控的第一步。因为口腹之欲是人最基本的欲望，如果连最基本的欲望都无法控制的话，在其他更高层次的欲望面前，我们又怎么能抵挡得住呢？我们不难发现，那些失败者，都是自控力差的人，而他们最大的特点之一就是对食物不加节制。他们控制不住自己的嘴，自然也无法控制自己的意志，更不可能取得辉煌的成就。

另外，如果一个人对食欲没有自控力，例如禁不起美味佳肴的诱惑，暴饮暴食，大吃大喝，很可能会营养过剩，造成肥胖，引发高血压、脂肪肝等各种疾病。酷嗜烟、酒，经常抽得昏天地暗，喝得烂醉如泥，这些行为都会严重损害身体健康，从根本上削弱你追求成功和幸福的资本。

  一个人要追求成功和幸福，就需要有较强的自控力，这是毋庸置疑的。自控力是成功与幸福的助力和保障，同时也是一个人性格坚强与否的重要标志。自控力体现在很多方面，但抵御美食的诱惑是自控的第一步。一个能控制自己口腹之欲的人才谈得上控制自己的思想和行为，才能获得真正幸福的人生。

第 11 章

主动屏蔽外界干扰：获得超强的自主学习能力

心理学让你
内心强大

学习能力与你的自制能力成正比

生活中，我们不难发现这样一个现象，两个年龄相仿的孩子，学习着相同的内容，学习成绩好的一定是那个自律的孩子。因为他能做到对抗外界与内心干扰，自主学习能力较强，不需要家长和老师的督促。事实上，学习能力与自控能力是成正比的。在宾夕法尼亚大学的一系列研究中，研究人员发现，坚忍不拔的人更容易在学业、工作及其他方面获得成功，这也许是因为他们富有激情，忘我投入，才可以克服漫长道路上数不胜数的绊脚石。西奥多·罗斯福也曾说过："有一种品质可以使一个人在碌碌无为的平庸之辈中脱颖而出，这个品质不是天资，不是教育，也不是智商，而是自律。有了自律，一切皆有可能；没有自律，则连最简单的目标都显得遥不可及。"任何一个人的才能，都不是凭空获得的。学习是唯一的途径。学习的过程，就是一个不断克服自我，控制自我的过程。只有首先战胜自己，摒除内在和外在的干扰，才能以全部的激情投入到对知识的学习中。

在学习中，我们每个人都有一定的学习计划和学习目标，但很少有人能把自己的学习计划坚持下去。通常在刚开始的时候，大家都能坚持学习。但坚持了一段时间后，若遇到一些外在和内在的干扰，比如吃喝玩乐的诱惑、内心的焦躁情绪后，就会从每天变成两三天或更长的时间，慢慢会发现自己已经放弃自己的学习计划。你会发现这种事情每个人都会遇到，而放弃的原因总是多种多样。就如人们曾经说过的："如果你不想做一件事，你一定会找到一个借口"。其实，坚持的过程就是自控的过程，能坚持到最后的，一定是有极强的自控能力的人。

那么，在学习过程中，我们该如何实现自控呢？

1. 端正学习目的

你为什么而学习？是父母强逼你学习，还是你有着美好的梦想？如果你总是认为学习是一件无奈的事，那你又怎么可能投入全部的热情去学习呢？因此，你不妨重新考虑一下自己学习的目的，真的是为了他人吗？

2. 学会排除各种干扰，消除各种杂念

一心一意想学习，全心全意谋进步，也就是心要静。如果你整天想着："该买件新衣服了。""他为什么不理我了，是嫌我又多长个青春痘吗？"整天为一些生活琐事和儿女情长之事烦恼，你又怎么能专注于学习呢？整天想着"数学作业老师不检查，我不做了""语文做了也白做，不做了""这章节太容易，有啥学的"，你的心又怎么能静下来学习呢？

3. 早动手

在学习上，你若动手得早，你就有足够的时间，你做的准备就越充分；你若动手得晚，你的时间就越少，你的心就会越焦躁。

曾经有记者对某所著名的高中三年级某班学生进行跟踪调查。他们发现，正是中午吃饭时间，不到30分钟，校园里已空无一人，教室里响起了朗朗的读书声；课间操集合时，每个同学都拿一个小本，嘴里念念有词，他们在利用集合时间记英语单词！以这样的精神学习，还怕学不好吗？

4. 制订详细的学习计划

盲目的学习是没有好的效果的，效率差的学习会让你的自信心逐渐消失殆尽，因此，你最好制订一份详细的学习计划。每天干什么，什么时间干，要有详细的计划。计划要切合实际，要略高于自己现在的学习能力。

从明天起，你将开始全新的生活！订个详细的计划，让它来规范自己，约束自己，提醒自己，鞭策自己！依计划而行，则有条不紊，顺理成章；无计划行事，则漫无目的，失去所向。

5. 坚持你的学习计划

有这样一则故事：摩西带领以色列人出埃及，过红海，来到旷野。走了三天都找不到水喝，好不容易到了玛拉，却发现那里的水是苦的，百姓不由得大发怨言，苦闷不已。他们不知道，只要再走一段路程，紧接着就到了以琳。那里有泉水和棕树，可以让他们安安稳稳、舒舒服服地扎营休息。

的确，人生就像马拉松赛跑一样，只有坚持到达终点的人才有可能成为真正的胜利者。学习也是一样，著名航海家

第 11 章
主动屏蔽外界干扰：获得超强的自主学习能力

哥伦布在他的航海日记最后总是写着这样一句话"我们继续前进"。这话看似平凡，但也告诉了所有正在学习的人一个道理，学习需要坚定的信心和意志力。因为一直以来，学习都不是一件轻松愉快的事情，也不是一朝一夕一蹴而就的事情，它必须付出艰苦的劳动。在思想上，不要把学习看作一种负担、一种包袱和苦差事。学习是一种追求、兴趣、责任和愿望。学知识会使人生更快乐，更有滋味，更有激情。

任何一种能力的获得，都需要学习。学习不是享受，甚至有时候，学习的过程是枯燥的。这就需要你学会自控，培养自己的意志力，坚持学习、专注于学习，你必当有所收获！

做到"两耳不闻窗外事"，训练专注能力

人生在世，要有一番成就，就必须要学习。学习是获取知识和能力的唯一途径，这是毋庸置疑的。然而，学习必须要专注，古人云："两耳不闻窗外事，一心只读圣贤书"，这就是一种专注。我们发现，那些攀岩成功的人都有一个共同特征，那就是他们不会三心二意，也不会向下看。他们会一直努力地攀登，这样尽管脚下是万丈悬崖，他们也不会害怕。同样，我们也应该从中有所启示。在学习时，我们都要尽量做到"充耳不闻"，才能训练自己的专注能力，才能一步一步进行自己的

学习计划。我们先来看下面一个故事：

孔子带领学生去楚国采风。他们一行人从树林中走出来，看见一位驼背翁正在捕蝉，他拿着竹竿粘捕树上的蝉，就像在地上拾取东西一样自如。

"老先生捕蝉的技术真高超。"孔子恭敬地对老翁表示称赞后问，"您对捕蝉想必是有什么妙法吧？"

"方法肯定是有的。我练捕蝉五六个月后，在竿上垒放两粒粘丸而不掉下，蝉便很少有逃脱的；如垒三粒粘丸仍不落地，蝉十有八九会捕住；如能将五粒粘丸垒在竹竿上，捕蝉就会像在地上拾东西一样简单容易了。"捕蝉翁说到此处，捋捋胡须，严肃地对孔子的学生们继续传授经验。

他说："捕蝉首先要学练站功和臂力。捕蝉时身体定在那里，要像竖立的树桩那样纹丝不动；竹竿从胳膊上伸出去，要像控制树枝一样不颤抖。另外，注意力需得高度集中。无论天大地广，万物繁多，在我心里只有蝉的翅膀，我专心致志，神情专一。精神到了这番境界，捕起蝉来，那还能不手到擒来，得心应手么？"大家听完驼背老人捕蝉的经验之谈，无不感慨万分。

孔子对身边的弟子深有感触地说："神情专注，专心致志，才能出神入化、得心应手。捕蝉老翁讲的可是做人办事的大道理啊！"

驼背翁捕蝉的故事向我们展示了一个真理：凡事专心致志、心无旁骛，才能出色地完成任务，把工作做好做到位，取得成功。

事实上，学习又何尝不是如此呢？学习最要不得的就是三心二意。戴尔·卡耐基曾经根据很多年轻人失败的教训得出一个结论："一些年轻人失败的一个根本原因，就是精力分散，做不到专注。"托马斯·爱迪生曾说过："成功中天分所占的比例不过只有1%，剩下的99%都是勤奋和汗水。"这句话告诉我们，学习需要专注，不腻烦、不焦躁、一门心思学习才能取得好的效果。

的确，成功者之所以成功，就是因为他们懂得学习要专注的道理。在专注的过程中，他们经过了沮丧和诱惑的磨炼，并造就了他们天才的大脑。在不断取得学习成果的过程中，他们增强了活力和不屈不挠的奋斗意志。因此，意志力可以定义为一个人性格特征中的核心力量。概而言之，意志力就是人的行动的驱动器，是人的各种努力的灵魂。学习过程中，我们也要运用意志力的力量。增强意志力才能发展自主学习的能力。做到这一点，你也能获得卓越的才能。

18世纪早期，就读于牛津大学的圣·里奥纳多在一次给校友福韦尔·柏克斯顿爵士的信中谈到他的学习方法，并解释自己成功的秘密。他说："开始学法律时，我决心吸收每一点获取的知识，并使之同化为自己的一部分。在一件事没有充分了解清楚之前，我绝不会开始学习另一件事情。我的许多竞争对手在一天内读的东西我得花一星期时间才能读完。而一年后，这些东西，我依然记忆犹新。但是他们，却早已忘得一干二净了。"

这就是专注的力量，如果你希望在学习的时候还能玩好，那么你的学习效果只能事倍功半。然而，我们发现，生活中一些人在学习时就是缺乏一定的自控力，他们做不到专心致志、全力以赴，总是心不在焉。他们常慨叹自己学习效率低，其实是他们忽视了这一原因。

同样，在中国，画坛宗师齐白石也是一个做事专注的人，除了画画以外，在雕刻艺术上的精益求精也体现了他的这一品质。

齐老先生不仅擅长书画，还对篆刻有极高的造诣。但他并非天生具备这门艺术，也经过了非常刻苦的磨炼和不懈的努力，才把篆刻艺术练就到出神入化的境界。

年轻时候的齐白石就特别喜爱篆刻，但他总是对自己的篆刻技术不满意。于是，他向一位老篆刻艺人虚心求教，老篆刻家对他说："你去挑一担础石回家，要刻了磨，磨了刻，等到这一担石头都变成了泥浆，那时你的印就刻好了"。

于是，齐白石就按照老篆刻师的意思做了。他挑了一担础石来，一边刻磨，一边拿古代篆刻艺术品来对照琢磨，就这样一直夜以继日地刻着。刻了磨平，磨平了再刻。手上不知起了多少个血泡，日复一日，年复一年。础石越来越少，地上淤积的泥浆也越来越厚。最后，一担础石终于都被"化石为泥"了。

这坚硬的础石不仅磨砺了齐白石的意志，而且使他的篆刻艺术也在磨炼中不断长进。他刻的印雄健、洗练、独树一帜，达到了炉火纯青的境界。

在学习中，我们需要这样训练自己的专注能力：

1. 为自己树立一个学习榜样

比如，爱迪生就是一个专注做事的代表：

他曾经长时间专注于一项发明。对此，一位记者不解地问："爱迪生先生，到目前为止，您已经失败了一万次了，您是怎么想的？"

爱迪生回答说："年轻人，我不得不更正一下你的观点。我并不是失败了一万次，而是发现了一万种行不通的方法。"

在发明电灯时，他也尝试了几千种方法。尽管这些方法一直行不通，但他没有放弃，而是一直做下去，直到发现了一种可行的方法为止。

2. 学习时不要做其他的事

我们发现，生活中，一些人无论是不是在学习，都把电视开着，或者边玩游戏边学习。试想，这样怎么能聚精会神呢？这样自然不能集中精力去学习，久而久之，便养成了一心二用的坏习惯。

为此，你必须克服这一缺点。学习时就认真学习，玩乐时就痛快玩。经过一段时间，你会发现，自己无论做什么事，都专注多了，而最重要的是，效率也提高了很多。

我们每个人都需要记住，专注是一种良好的助人成功的品质，对学习来说更是如此。从现在开始培养自己的这种品质，你也会收获成功。

戒除浮躁，沉淀下来才能安静学习

我们都知道，学习是一个在新的领域中不断探求、不断进步的过程。它要求要有严密的思维，踏实的行动，吃苦的精神，顽强的毅力。而浮躁心态是学习的大敌，是学习失败者的亲密朋友。国学大师陈寅恪，在一次演讲中送给青年人一句话："心有浮躁，犹草置风中，欲定不定。"他告诫学生要自定心神，集中精力，戒除浮躁，专注功课。

"世界上怕就怕认真二字。"这说的就是如果我们能安下心来认真做一件事情，就没有做不好的。然而，真正让我们浮躁的，并不一定是外在世界的动静，还有可能是我们的"心中事"。无法让内心沉静下来是很多人学习效率低的主要原因之一。我们先来看下面一个案例：

周末这天，宁宁在房间做作业，也不知道为什么，他总是静不下心来，甚至看到书本上的字就烦。刚好，这会儿又是邻居家小雅练钢琴的时间，他甚至能感觉到小雅敲击琴键的声音。他还听到了楼底下大妈、阿姨们说话的声音，这些都充斥在他的耳朵里。

这会儿，爸爸敲了敲门。他走了进来，看到宁宁烦躁不安的样子，他问："孩子，怎么了？"

"爸爸，外面太吵了，我根本写不了作业。"宁宁说。

"是吗？其实每个周末外面都会有这样的动静，甚至小区有活动的时候比今天还热闹。那时候，你也都不能安安静静地学习吗？"

"您说得也是。那我今天是怎么了呢？"

"其实，你学不进去是因为心不静，学习最重要的是沉下心来。可能是马上要中考了，你害怕自己考不好。我看你这几天睡也睡不好，吃也吃不下，想必都是因为这个原因吧。放下考试的压力，也许你就能心平气和了。"

"爸爸您说得对，但我该怎么减压呢？"

"你的压力就是中考。其实，我和你妈妈从来没有要求你要考什么重点高中，你不需要紧张。早上我还说带你去骑行，去郊区的农庄走走，你说要做作业，我就没有继续说了。今天说好了，下周我带你去逛街，你不是看上了一双帆布鞋吗，买完东西我们再去看场电影，好不好？"

"嗯，听爸爸的……"

看到宁宁舒心地笑了笑，爸爸终于放心了。

故事中的宁宁为什么在学习时总是静不下心来？是因为外在环境太吵闹吗？当然不是，正如他父亲所说的，环境还是那个环境。只是心中有事，才内心烦躁。

的确，学习是一项需要动脑筋的活动。它要求我们做到集中精力、全身心地投入，要做到"身心合一"，来不得半点虚假，不能有任何私心杂念。然而，在实际的过程中，一些人总是带着心事学习，那么正在学习的只是一具"躯壳"而已，他们的学习效率一般是低下的。比如，我们以课堂学习为例，那些学习成绩好的学生多半都是心无旁骛、手脑并用的。而那些学习成绩差的学生，一般都是因为杂念太多，精力不集中。他们上课思想"开小差"，目光呆滞，人在教室而心早已飞到教室外面去了，想着外面的精彩世界；也有一些学生上课时一边想着要听讲，一边又想着和周围的同学讲"悄悄话"；有些学生一边记笔记，一边偷偷看着口袋书……

其实，我们不难发现，这些学生一个个"身在曹营心在汉"，就凭这种心态怎能学习好？其实，荀子早就在《劝学》篇里说过，"蚓无爪牙之利，筋骨之强"却能"上食埃土，下饮黄泉"是因为用心专一啊；"蟹六跪而二螯，非蛇鳝之穴无可寄托"是因为用心浮躁。任何一种学习，都必须做到全神贯注，千万不能一心二用！

那么，在学习时，我们该如何排除内心干扰而赶走"心中事"呢？

1. 转换学习环境

如果你的心无法安静的话，你可以尝试着先转换一下环境，然后闭上双眼，深呼吸，慢慢地放松，多尝试几次会好点。

2. 找到产生杂念的原因

如果你因为想一个问题想得太过于复杂的话，可以尝试着问自己，自己想这个问题究竟是为什么，是什么让自己变得这样。多问几次后，你就可以了解自己的困惑，从而从心底去除这个杂念。

3. 学会在吵闹的环境中专心学习

曾有人介绍过他们在大街十字路口专心看书的本领。因为环境在一定程度上是自己无法限制的，只有依靠自己的高度自制能力，才能提高抗干扰能力。

4. 养成良好的睡眠习惯

如果你是"夜猫子"类型的，可以学学"百灵鸟"。按时睡觉按时起床，养足精神，提高白天的学习效率。

5. 学会自我减压

我们要学会自我减压，别把成绩的好坏看得太重。一分耕耘，一分收获，只要我们平日努力了，付出了，必然会有好的回报，又何必让忧虑占据心头，自寻烦恼呢？

6. 学会做些放松训练

舒适地坐在椅子上或躺在床上，然后向身体的各部位传递休息的信息。先从双脚开始，使脚部肌肉绷紧，然后松弛，同时暗示它休息。随后命令脚踝、小腿、膝盖、大腿，一直到躯干部。之后从左右手放松到躯干。这时，再从躯干开始到颈部、头部、脸部全部放松。这种放松训练的技术，需要反复练习才能较好地掌握。而一旦掌握了这种技术，会使你在短短的几分钟内，达到轻松、平静的状态。

总之，专注，也就是保持良好的注意力，是大脑进行感知、记忆、思维等认知活动的基本条件。在我们的学习过程中，注意力是打开我们心灵的门户，而且是唯一的门户。门开得越大，我们学到的东西就越多。而一旦注意力涣散了或无法集中，心灵的门户就关闭了，一切有用的知识信息都无法进入。当你因注意力无法集中而影响学习，备感苦恼时，相信以上几点方法能帮助到你。

我们在学习时要充分发挥自己的主观能动性，排除各种干扰，摆正学习心态。用心致一，才能无坚不摧，才能把我们的全部精力投入到学习活动中去，才能专心致志地进行学习。

调节内心，让学习不再枯燥

我们可能都有这样的感受：学生时代，我们偶尔会上课打瞌睡。这有很多原因，其中重要的一点是我们对这门功课不感兴趣。其实，哪一种学习不是这样呢？如果我们认为学习枯燥无味，那么，我们便提不起兴趣，学习效率自然也不高。而反过来，假如我们尝试着对学习投入百分之百的热情，努力、专注地学习，那么就会发现，我们的学习能力正在提高，我们会为此而兴奋，同时，我们离自己的学习目标也越来越近，自己是不是又会产生更强烈的学习激情呢？当然，要提高学习热情，还是要从培养兴趣开始。

"兴趣是最好的老师。"对人类做出杰出贡献的科学家爱因斯坦的这句至理名言被许多教授在课堂上引用。任何一个有所作为的人，在他们的成才历程中，兴趣都起到了巨大的事、不可替代的作用。当你热爱学习时，学习对于你来说就不是枯燥的事，而是一种娱乐。就像你可能因为看一部电视剧而24小时不睡觉，你可能因为一个游戏几天几夜不合眼甚至不吃饭，归根结底，那是因为你热爱。

兴趣，是指一个人力求认识某种事物或从事某种活动的心理倾向。人会因为兴趣而执着于某一样活动，并在最后取得或小或大的成功。

在年轻人梦寐以求的微软公司，曾有一个临时清洁女工升职成正式职工的故事：

她是办公楼里临时雇用的清洁女工。在整个办公大楼里，有好几百名雇员，但她的工资最低、学历也最低、工作量最大，而她却是最快乐的人！

每一天，她来得最早，然后面带微笑开始工作，对任何人的要求，哪怕不是自己工作范围之内的，也都愉快并努力地跑去帮忙。周围的同事都被她感染了，有很多人成了她的好朋友，甚至包括那些被大家公认为冷漠的人。没有人在意她的工作性质和地位。她的热情就像一团火焰，慢慢地整个办公楼都在她的影响下快乐了起来。

盖茨很惊异，忍不住问她："能否告诉我，是什么让您如此开心地面对每一天呢？""因为我热爱这份工作！"女清洁工自豪地说，"我没有什么知识，我很感激企业能给我这份工作，可以让我有不错的收入，足够支持我的女儿读完大学。而我对这美好现实唯一可以回报的，就是尽一切可能把工作做好。一想到这些，我就非常开心。"

盖茨被女清洁工那种热爱工作的态度深深地打动了："那么，您有没有兴趣成为我们当中正式的一员呢？我想你是微软最需要的。""当然，那可是我最大的梦想啊！"女清洁工睁大眼睛说道。

此后，她开始用工作的闲暇时间学习计算机知识，而企业里的任何一个人都乐意帮助她。几个月以后，她真的成了微软的一名正式雇员。

这名女清洁工是怎么获得成长的？正是因为她对当下工作的热爱。当她还是一名清洁员工时，她就能以正确的心态去面对工作，不是怨天尤人，不是得过且过，而是以一种积极的、向上的心去感染周围的每个人。

生活中正在学习的人们，你是不是觉得学习是那么的枯燥呢？那么，你不妨向这位女清洁工学习吧，调节一下自己的内心，寻求到学习的乐趣，怀着热情去学习，并努力向上攀登。那么，每天你都会获得进步。

具体来说，你可以尝试以下几种调节方法：

1. 摒弃"我对学习不感兴趣"的既成观念

我们经常听到一些学生说："哎呀，我对唱歌、旅游、体育运动等好多事情都感兴趣，可就是对学习不感兴趣。我也想学习成绩好，怎样能让我对学习感兴趣呢？"其实，有时候，这是一种既成观念，人们普遍地认为学习是枯燥的。正是这种先入为主的想法，让他们开始排斥学习。

积极地参与、从心理上亲近、心怀好奇之心是让我们接触这些学习内容的最好方法。对于当下学习的内容，你不妨问自己：我对哪门课兴趣最大，对哪门课兴趣最小。仔细想想为什么会这样。接下来，你要做的是，不只学习那些你感兴趣的内容，那些不感兴趣的内容，你也要尝试。那么你会发现，其实，所有的知识都是融会贯通的，对知识的系统性把握，会让你对所有知识都产生学习的欲望。

2. 专注、认真是产生学习兴趣的内在动因

很多人抱怨自己对学习没有兴趣，其实，这是因为你没有用正确的态度对待学习。认真是和兴趣成正比的，如果你能努力、认真地学习，那么你就会取得好成绩，你会获得一种成就感。反过来，成就感会刺激你继续认真、努力地学习。这就是兴趣，而兴趣又会促使你更加认真地去学习，从而取得更好的成绩。形成良性循环，互相促进，学习的兴趣会越来越浓，甚至到了入迷的地步。

3. 寻找积极的情绪体验

你对学习没有兴趣，很多时候是因为你没有感受到学习给你带来的快乐的情绪体验。而事实上，课本并不是枯燥的，很多时候，你能从课本中获得某种对成长有益的因素。假如能获得这种积极的情绪体验，你就会主动抛却那些消极的、应付的学习态度了，这会有利于学习兴趣的提高。

4. 科学安排学习时间

避免过度疲劳是让兴趣持续的方法之一。因此，学习过程中，你最好要劳逸结合。该休息时就休息，该学习时就学习，而且学习时间的安排要科学。不能长时间学习一种科目。

另外，每天在固定的时间学习，也是保持学习兴趣的方

法。习惯在特定时间出现的兴奋性和学习密切相关。

5.清晰了解自己的学习状况

对于当下的学习状况，你应该有个清晰的了解。知道自己取得了哪些成就，知道自己在哪些方面还有欠缺。这些都是学习的动力。如果你给自己作了明确的分析，你会发现你的学习兴趣正在增长。

当你已经能在每一次的学习过程中寻找到无数的快乐和成就时，你还能说自己没有学习兴趣吗？

在学习过程中，兴趣是极为重要的。如果你认为学习只是一种应付性活动，那么你是不会有很高的学习效率的。对于这种情况，你有必要调节自己的内心，当你能做到保持不甘落后、积极向上、奋发有为的精神状态，充满只争朝夕的紧迫感，那么你一定会不断进取！

第 12 章

克服拖延心理：从心底根除拖延意识

心理学让你
内心强大

绝不找借口,不给自己的懒惰让路

生活中,每个人都有懒惰心理,这是人类的天性。只是有些人能克服自己的惰性,并能以勤奋代之,最终取得成功;而有些人则任由懒惰这条又粗又长的枯藤缠着自己,阻挡自己的前进。前者就是那些自控能力强的人。从古至今,我们发现,任何一个能做到99%勤奋的人都能最终取得成功。

那么,你不妨问问自己:你是不是经常为自己的懒惰找借口?如果你的回答是肯定的,那么,你就知道症结所在了。也许,有些人会说,我不够聪明。而实际上,即使是智慧,也源于勤奋。没有人能只依靠天分成功。自身的缺点并不可怕,可怕的是缺少勤奋的态度。在勤奋面前,再艰巨的任务都可以完成,再坚定的山也都会被"移走"。滴水能把石穿透,万事功到自然成。唯有勤奋才是永不枯竭的财源。

事实上,懒惰是刚强者的宿敌。许多懒惰的人吝于在工作或职业上使出全力,觉得如果尽力而未能成功,就会很丢面子。他们的理由是,既然未曾尽力,那么失败了也可以理直气壮,不愁找不到借口。他们并不觉得丢脸,因为他们从未认真地去做过。他们时常耸耸肩膀说:"这对我没有什么两

第 12 章
克服拖延心理：从心底根除拖延意识

样。"而这样的人，是终将一事无成的。

古人云："业精于勤，荒于嬉；行成于思，毁于随。"这句话告诉我们：学业由于勤奋而精通，却能荒废在嬉笑声中，事情由于反复思考而成功，却能毁灭于随随便便。从古到今任何人，即使是天才，如果不克服懒惰，也会变成一个懒汉。王安石笔下的仲永最终沦为普通人就证明了这一点。

生活中，可能很多人会把"不""不是""没有"与"我"紧密联系在一起，其潜台词就是"因为……我没有……"而这只不过是在为自己寻找懒惰的借口，也是没有责任感的表现。一个没有责任感的员工，不可能获得同事的信任和支持，也不可能获得上司的信赖和尊重。如果人人都寻找借口，无形中就会提高沟通成本，削弱团队协调作战的能力。勤奋可以使聪明之人更具实力，而相反，懒惰则会使聪明之人江郎才尽，最终成为时代的弃儿。

也许有人会说，我还年轻，有大把的时间。但你可能没有意识到的是，现在的你是聪明的，但如果你不继续学习，就无法使自己适应急剧变化的时代，就会有被淘汰的危险。而学会克服懒惰并能不断学习的人，一切都会随之而来。只有善于学习、懂得学习的人，才能具备出众的能力，才能够赢得未来。

那么，我们该如何用勤奋战胜懒惰呢？

（1）紧紧抓住时间学习。只有充分地利用好当前的时间，才不会有"白首方悔读书迟"的遗憾。伤逝流年，好像是在珍惜时间，其实是在浪费今日之生命。也不要沉浸在对未来美好向往中而放松了眼前的努力。山上风景再好，如不一步一步地努力攀登，是永远不会登上"险峰"而一览"无限风光"的。

（2）学会肯定自己，勇敢地把不足变为勤奋的动力。学习、劳动时都要全身心投入以争取最满意的结果。无论结果如何，都要看到自己努力的一面。如果改变方法也不能很好地完成，说明或是技术不成熟，或是还需完善其中某方面的学习。你扎实的学习最终会让你成功的。

（3）列出你立即可以做的事。从最简单、只用很少的时间就可完成的事开始。

（4）每天从事一份明确的工作，而且不必等待别人的指示就能够主动去完成。

（5）每天至少找出一件对其他人有价值的事情去做，而且不期望获得报酬。

克服懒惰，正如克服任何一种坏毛病一样，是件很困难的事情。但是只要你决心与懒惰"分手"，在实际的生活学习中持之以恒，那么灿烂的未来就是属于你的！

曾经有人说："懒惰是最大的罪恶，上帝永远保佑那些起得最早的人。"懒惰是现代社会中很多人共同的缺点，他们总是为自己的懒惰找借口。而正是因为如此，最终他们也丧失了很多成功的机会。因为人的一生，可以有所作为的时机只有一次，那就是现在。的确，一个人只有坚持"不找借口找方法"的信念，才能对自己的事业有热情，不管遇到什么事，都能用办法代替借口。

第 12 章
克服拖延心理：从心底根除拖延意识

面对惰性行为，有的人浑浑噩噩，意识不到这是懒惰；有的人寄希望于明日，总是幻想美好的未来；而更多的人虽极想克服这种行为，但往往不知道如何下手，因而得过且过，日复一日。实际上，只有那些能与惰性作斗争并最终克服惰性的人，才与成功有缘。

立即去做，开启战斗模式让拖延无所遁形

生活中，很多人都想成功，但只愿意做很少的努力。而那些成功者之所以会成功，是因为他们即使害怕也会行动，而大多数人正是因害怕而没有作为。约翰·沃纳梅克——美国出类拔萃的商业家这样说过："没有什么东西是你想得到就能得到的。"成功的人与那些蹉跎人生的人的最大区别，就是行动！如果你能追溯那些成功人士的奋斗之路，你就会感叹："难怪他会做得这么好！"怎么样的行动才能获得最大的成功呢？是马上行动！

现代社会，无论是职场还是商场，其竞争度的激烈恰如战场。假如你也渴望成功，那么你就应该牢牢地记住，对于执行力的天敌——拖延，我们一定要有自控能力。因为执行力就是竞争力，成败的关键在于执行。

美国钢铁大王安德鲁·卡耐基在未发迹前，曾担任过铁路公司的电报员。有一天，正值放假，但卡耐基需要值班。就在

这个平凡的值班日,却发生了一件意想不到的事。

躺在椅子上休息的卡耐基突然听到电报机嘀嘀嗒嗒地传来一通紧急电报,吓得从椅子上跳起来。电报的内容是:附近铁路上,有一列货车车头出轨,要求上司通知各班列车改换轨道,以免发生追撞的意外惨剧。

这可怎么办?现在是节假日,能下达命令的上司不在,但如果不现在决策的话,就会产生一些不可预料的恶果。时间慢慢过去了,事故可能就在下一秒发生。

卡耐基只好敲下发报键,用上司的名义下达命令给班车的司机,调度他们立即改换轨道。避开了一场可能造成多人伤亡的意外事件。

当做完这一切后,卡耐基心里开始紧张起来,因为按当时铁路公司的规定,电报员擅自冒用上级名义发报,唯一的处分就是立即革职。但又一想,这一决定是对的。于是他在隔日上班时,写好辞呈放在上司的桌上。

但令卡耐基奇怪的是,第二天,当他站在上司办公室的时候,上司当着卡耐基的面将辞呈撕毁,拍拍卡耐基的肩头说:"你做得很好,我需要你留下来继续工作。记住,这世上有两种人永远在原地踏步:一种是不肯听命行事的人;另一种则是只听命行事的人。幸好你不是这两种人的任何一种。"

卡耐基之所以成功,是因为他有成功者的品质。这一点,在他发迹前就已经显现出来了。可见,成功者之所以能够成功,就取决于他是否能控制住自己拖延的心,是否有立即执行的决断力。反之亦同，失败者之所以失败，乃在于他们一直为自己的拖延找借口。

有人说世界上的人可分为两种类型。成功的人很主动，我们叫他"积极主动的人"；那些庸庸碌碌的普通人很被动，我们叫他"被动的人"。仔细研究这两种人的行为，可以找出一个成功原理：积极主动的人都是不断做事的人。他们会真的去做，直到完成为止。被动的人会找借口拖延，直到最后证明这件事"不应该做""没有能力去做"或"已经来不及了"为止。

有人说天下最悲哀的一句话就是："我当时真应该那么做却没有那么做。"每天都可以听到有人说："如果我在那时开始那笔生意，早就发财了！"或"我早就料到了，我好后悔当时没有做！"一个好创意如果胎死腹中，真的会叫人感到遗憾，叹息不已。如果真的彻底施行，当然也会带来无限的满足。

的确，每天都有人把自己辛苦得来的新构想放弃或埋葬掉，因为他们不敢执行。过了一段时间以后，那些构想又会回来困扰他们。如果你不想让自己成为这些人中的一员，就从现在开始行动吧！

那么，该怎样克服拖延的习惯呢？以下几点可供我们参考：

1. 正确面对自己的拖延

承认自己有拖延的习惯，有意愿克服才能成功解决问题。

2. 找到拖延的原因

很多人迟迟不敢动手，是因为害怕失败。如果是这一原因，那么你就应强迫自己去做，假想这件事非做不可，这样你终会惊讶事情竟然做好了。

3. 严格要求自己，磨炼毅力

喜欢拖延的人多半是意志薄弱的。当然磨炼自己的意志并非一朝一夕就能做到的，需要你从细小的、简单的事做起，并坚持下来。

4. 别总为自己找借口

例如"时间还早""现在做已经太迟了""准备工作还没有做好""这件事做完了又会给我其他的事"等，不一而足。

5. 坚持到最后，找到成就感

无论做任何事情，如果我们不能从中获得成就感，就很难达到良性循环，并最终顺利实现目标。因此，在工作、学习应该做到告一段落再停下来，会给你带来一定的成就感，促使你对事情感兴趣。

6. 端正态度，直面责任

"积极高昂的态度能使你集中精力争取自己想要的东西"。在工作中，应始终保持平常心态。在任何时候，工作和责任始终捆绑在一起，工作越好，责任越大，没有工作也就无所谓责任。要敢于负责。

一个人之所以懒惰，并不是因为能力不足和信心缺失。而是在于平时养成了轻视工作、马虎拖延的习惯，以及对工作敷衍塞责的态度。要想克服懒惰，必须改变态度，以诚实的态度，负责、敬业的精神，积极、扎实的努力去工作，才能做好事情。

第 12 章
克服拖延心理：从心底根除拖延意识

行动有方向，能防止拖延滋生

自古至今，大凡成功者，无不具备一项品质，那就是不被打倒的意志力。他们从不拖延，但他们成功最重要的原因还有一点，那就是有计划、有目标，不打无准备之战。相反，那些失败者之所以迟迟不开始，是因为他们不知道自己从哪里着手，一个人看不到前方的路，看不到希望，又怎么会有信心、有决心成功呢？

因此，我们需要知道的是，目标与计划会让心更有方向。否则我们只能像一只无头苍蝇四处乱撞，无论我们怎么努力，最终都会以失败告终。

20世纪80年代，美国有一家著名的机械制造公司维斯卡亚，这家公司生产的产品远销全世界。它实力雄厚，并代表着当今重型机械制造业的最高水平。大公司门槛高是有道理的，很多毕业生到这家公司求职，但都被无情地拒绝。

这群求职者里有个叫史蒂芬的人。他是哈佛大学机械制造业的高材生。和许多人的命运一样，他在该公司每年一次的用人测试会上被拒绝。但史蒂芬并没有死心，他发誓一定要进入维斯卡亚重型机械制造公司。于是，他决定先想办法进入这家公司再说。他先找到了公司人事部负责人，提出可以无偿为公司提供劳动力，只要能让他进入公司，哪怕不计报酬。他表示自己能完成公司安排给他的任何工作。这位负责人起初觉得这简直不可思议，但考虑到不用任何花费，在利益的引诱下，这位负责人便答应了，并安排他去车间扫废铁屑。

这份工作是没有报酬的，史蒂芬还得养活自己。于是，一年的时间，他白天在这家公司勤勤恳恳地工作，晚上还得去酒吧打工。

令史蒂芬失望的是，虽然他得到了所有同事与负责人的认同和好感，但公司却并没有提及正式录用他的事。但机会很快来了。那是20世纪90年代初，公司的许多订单纷纷被退回，理由均是产品质量问题。为此公司蒙受了巨大的损失。公司董事会为了挽救颓势，紧急召开会议商议对策。当会议进行了很长时间却未见眉目时，史蒂芬果断地闯入会议室，提出要见总经理。

在会上，史蒂芬慷慨陈词，对公司出现这一问题的原因作了令人信服的解释，并且就工程技术上的问题提出了自己的看法，随后拿出了自己对产品的改造设计图。这个设计非常先进，恰到好处地保留了原来机械的优点，同时克服了已出现的弊病。总经理及董事会的董事见到这个编外清洁工如此精明在行，便询问了他的背景以及情况。随后，史蒂芬被聘为公司负责生产技术问题的副总经理。

原来，这是史蒂芬退而求其次的一种办法，当他被拒绝后，他设法留在这家公司，是为了更彻底地了解这家公司。于是，在做清扫工时，他利用清扫工到处走动的特点，细心察看了整个公司各部门的生产情况，并一一作了详细记录，发现了所存在的技术性问题并想出了解决的办法。为此，他花了近一年的时间搞设计，为会上的出色表现奠定基础。

史蒂芬为什么能一举成功，让公司高层领导对其能力加以肯定，并由一名小小的清洁工成功晋升为技术部门副总经理。原因很简单，他懂得厚积薄发，伺机而动。因为他做了充分的准备工作，在该公司最需要自己的时候及时出现，以自己过硬的专业知识帮其解决了技术难题。我们设想一下，假如他空有为公司担当的勇气，而没有一个完备的解决问题的计划，没有过硬的实力，那恐怕这种表现只会适得其反。

因此，在追求成功的过程中，我们若想克服拖延的习惯，就必须要让心更有方向。也就是说，在下定破釜沉舟的决心前，我们还要有缜密的思维和计划。机遇总是会留给那些有准备的人。

如果你梦想成为知识性专家，那就立刻看看自己适合研究什么专业，立刻分析现在社会的前沿信息是什么，立刻专心于读书学习，立刻开始选书目、定方向、写笔记，立刻开始阅读，不要拖延时间。如果你梦想成为一流的营销员，成为亿万富翁，那就立刻开始研究产品、市场、人脉、营销，立刻拿起电话，立刻买上车票，立刻奔赴营销第一线。如果你梦想成为政治家，那就立刻学习演讲、学习写作、学习沟通协调，立刻研究人脉、研究社会、研究管理……

那么具体来说，我们该怎么做呢？

1. 制订完善的高标准

要想把事情做到最好，你心中必须有一个很高的标准，而不能是一般的标准。在决定事情之前，要进行周密的调查论证，广泛征求意见，尽量把可能发生的情况都考虑进去，尽最大可能避免出现哪怕1%的漏洞，直至达到预期效果。

2. 制订切实可行的计划

如果你想学习英语，那么你不妨制订一个学习计划，安排每周一、三、五下午从5：30开始听20分钟的英语录音，周二和周四学习语法。这样一来，你每周都能更实在地接近、实现你的目标。

3. 做事要有条理有秩序，不可急躁

急躁是很多人的通病。但任何一件事，从计划到实现的过程中，总有所谓时机的存在，也就是需要一些时间让它自然成熟。假如过于急躁而不甘等待的话，就会经常遭到破坏性的阻碍。因此，无论如何，我们都要有耐心，克服那股焦急不安的情绪，才能成为真正的智者。

4. 立即行动，勤奋才能造就成功

我们都知道勤奋和效率的关系。在相同条件下，当一个人努力工作时，他所产生的效率肯定会大于他懒散工作的时候。高效率的工作者都懂得这个道理，所以，他们能够实现别人几辈子才能够达到的目标。

人生不能没有目标。如果没有目标，我们就会像一艘黑夜中找不到灯塔的航船，在茫茫大海中迷失了方向，只能随波逐流，到不了岸边，甚至会触礁而毁。在做任何一件事前，我们都必须做好计划。计划是为实现目标而需要采取的方法和策略,只有目标,没有计划,往往会顾此失彼,或者需要多费精力和时间。我们只有树立明确的目标,制订详尽的计划,才能投入实际的行动,才能收获成就感和满足感。

拖延会让人生一事无成

我们都知道,成功人士的优秀品质有很多,而做事绝不拖延肯定是其最重要的品质之一。生活中的每个人,要想实现自己的梦想,就必须养成立即执行、拒绝拖延的好习惯,因为拖延会逐渐消灭你内心的烛火。

任何伟大的理想不经过实践和行动的证明,都将是空想。说一尺不如行一寸,只有行动才能缩短自己与目标之间的距离,只有行动才能把理想变为现实。成功的人都把少说话、多做事奉为行动的准则,通过脚踏实地的行动,达成内心的目标。无论是谁,纵使满腔热血和理想,如果不行动,都将与成功无缘。年轻的你如果不行动而任凭时间消逝的话,恐怕只能叹一句"逝者如斯夫,不舍昼夜",并将一事无成!

相信成功一跃之后的兴奋之情是无法言喻的。行动产生信心,行动才有一切。立即行动,而不是寻找任何的借口逃避,这样的人才能最终赢得胜利女神的垂青。洛克菲勒曾说:"不要等待奇迹发生才开始实践你的梦想。今天就开始行动!"行动就是执行力,也就是说,当你树立了一个目标后,就要立即执行，不要恐惧，不要拖延，否则成功的机遇就可能在瞬间流失。生活中，那些成功人士无不有个共同的特点，那就是敢作敢为，而非迟疑不定。

乐安居董事长张庆杰就以700元起家成为亿万富翁。张庆杰读完小学后就辍学了，他不得不赚钱补贴家用。刚开始，他靠卖水果营生。

1987年，张庆杰产生了要出去闯荡的念头。于是，他带着700元到深圳淘金。来到深圳，人生地不熟的他仍然卖水果。他骑3小时单车到深圳南头批发香蕉，再到人民桥小商品市场去卖，就这样他一天能挣几块钱。

在卖水果的过程中，他也开始留意周围一些做生意的门道。一次，他从老乡那里听说，深圳有很多村民到香港种菜，每天都会捎回一些味精、无花果等。这些东西利大又好卖。张庆杰感到这是个赚钱的门路。于是，他开始做起了收购无花果、衣服、袜子的生意，将这些东西收购之后，再拿到市场去卖。由于价格合理，张庆杰买回的东西不到一小时就卖完了，生意很不错，后来他将这项生意做大：东西一脱手，他就马上再去收购，然后再卖……1987年，他赚到了16000元。有了这笔钱，他开始摆地摊。后来，他经营服装，又从服装业转向珠宝，事业开始蒸蒸日上。

可能很多人会问，用700元能做什么？但这个问题只有在实践和行动中才能找到答案，张庆杰就是这样做的。他从自己最熟悉的水果生意做起，艰苦奋斗，积累资金，寻找机会。

张庆杰的做法很值得我们借鉴。在行动开始之前，不要想得太多。成功的道路是闯出来的，不是设计出来的，你只需带着一颗努力的野心上路就可以了。最有价值的思想是在实践中产生的，不是在开始行动之前产生的。在行动的过程中要勤于思考，勤于寻找机会，果断地把自己的思想变成行动。同样，生活中，当我们拥有一个理想或计划后，就要果断执行，不要给自己太多借口左思右想而延误行动。

绝不拖延首先是一个态度问题。只要你坚持采用这种态度，久而久之就形成了一种习惯。最后，这种习惯会融入你的生命，成为你展现个人魅力的优秀品质。正如持续改善的正面力量一样，拖延的反面力量同样强大。每天进步一点点，持之以恒，水滴石穿，你必将能成就自我。而每天拖延一点点，你的惰性会越来越大。长久下去，你将跌入万劫不复的深渊。

曾经有一个关于寒号鸟的传说。

这种鸟很特别，它长着四只脚和两只光秃秃的肉翅膀。它不像一般的鸟那样拥有轻盈的翅膀，也不会在天空飞行。其实，寒号鸟原本不是这样的。

很久以前的一个夏天，寒号鸟比其他鸟类更漂亮，它全身长满了洁白的、美丽的羽毛。因此，它很骄傲，认为自己已经是最漂亮的鸟了，甚至不把鸟类之王——凤凰放在眼里。它每天也不干活，只是炫耀自己的美貌。

很快，秋天来了，所有的鸟类都各自忙开了。有的开始飞向南方避寒，也有的在准备过冬的食物。而只有寒号鸟，既没有飞到南方去的本领，又不愿辛勤劳动，仍然是整日东游西荡的，还在一个劲地到处炫耀自己身上漂亮的羽毛。

一眨眼，冬天来了。大雪纷飞，所有的鸟类都躲起来过冬了，但寒号鸟却饥寒难耐。而且，它身上的美丽羽毛也都掉光了。它更冷了，只有躲在石缝中避寒，不停地叫着："好冷啊，好冷啊，等到天亮了就造个窝啊！"等到天亮后，太阳出来了，温暖的阳光一照，寒号鸟又忘记了夜晚的寒冷，于是它又不停地唱着："得过且过！得过且过！太阳下面暖和！太阳下面暖和！"

于是，整个冬天，寒号鸟都这样凄惨地过着。等到春天来的时候，其他鸟类飞来石缝旁边时，寒号鸟已经冻死了。

这个寓言故事同样说明了拖延就是对我们宝贵生命的一种无端浪费。鲁迅说过："伟大的成绩同辛勤的劳动成正比，有一分劳动就有一分收获。日积月累，从少到多，奇迹就会出现。"勤奋源于执着，永不放弃，永不松懈。假如你渴望成功，那就抓住今天，立即行动！明朝诗人文嘉也曾写过《今日歌》："今日复今日，今日何其少！今日又不为，此事何时了？人生百年几今日，今日不为真可惜！若言姑待明朝至，明朝又有明朝事。为君聊赋《今日诗》，努力请从今日始。"人生中没有比今天更重要的日子，生活就在今天。做好今天的事，抓住现在，每天进步1%，你就离成功越来越近。

拖延是一种习惯，立即行动也是一种习惯。不好的习惯一定要用好的习惯来代替。如果拖延的事情迟早要做，为什么要等一下再做？也许等一下就会付出更大的代价。那么，请写下来，有哪些事情是你最喜欢拖延的，现在就要下决心将它改变。不管你现在要做什么事，请不要拖延，立即行动。这样才能变被动为主动，抓住机会，把事情做得更好。

第 13 章

战胜自私心理：与人为善，拓展胸怀

心理学让你
内心强大

心存善意，让自己变得豁达

　　心理专家认为，自私是人的天性，就像贪吃是人的天性一样。从我们刚出生开始就是自私的，我们不愿把手中的食物和玩具分给其他人。只不过，在逐渐成长的过程中，我们受到了教育，逐渐改正了自私的行为，而有一些人却变本加厉，他们对家人、父母、朋友都很自私，总是一味地索取。实际上，那些自私的人凡事都从自己的利益考虑，他们不愿与人合作，因此他们总会遭到别人的鄙视，也不可能有好的前景。他们鼠目寸光，总是放不开，觉得自己的东西总是来之不易，而且体会不到分享的快乐。而别人也会对其渐渐失去兴趣，因为他们在自私者身上得不到快乐的感觉。

　　自私是人类的本能，但这还不是邪恶。贪婪才是邪恶。但是过于自私的行为习惯如不加以克服，则很可能从损害他人的利益开始演变到损害社会和国家的利益，最后发展成贪婪。所以我们更应该自觉地克服这种自私心理，提升自己的理性，锻炼自己的意志。然而，要控制自己的自私心理，我们需要从控制自己的潜意识开始。

　　在人生旅途上，我们每个人都应该警醒自己，心存善念，多为他人着想，那么我们的人生之路就会越走越宽。而自私者是悲哀的，他们总是渴望占有。他们拼命地保护自己的东西，同时又想方设法地掠夺别人。自私者是眼光短浅的，总是在乎眼前的一点点利益，总是认为什么东西还是抓在手里比较放心。阿瑟·赫尔普斯曾经说："许多人知道如何享乐，却不知道自己从何时起已不再向别人提供欢乐。"

自私者的心灵是生活在黑暗中的，其实，他们也感到了自私自利的负面影响，但他们却不知道如何改变自己。要想改变自己自私的心理，我们需要先调整自己的潜意识，就如先哲说的："人生的真谛在于认识自己，而且是正确地认识自己。"生活中，我们需要培养自我反省意识，并不断反思自己的行为。

有一天，一个中年妇女在集市上从一对农民夫妇那里买了一袋大米，并付了200元。恰巧，当这个妇女准备离开集市时，她又遇到了这对夫妇。但不知为何，这位中年妇女好像扭伤了脚。农民夫妇见状，便用他们的人力车把中年妇女送到医院。待安置妥当后，二人意欲告辞。谁知这名妇女却一把拉住他们的手，羞愧地相告："我买你们大米的钱，用的是假币。"说罢，拿出两张100元真钞，塞到农民夫妇手里。

这是个多么有意思的故事。是什么让中年妇女痛改前非、认识到自己的错误？正是农民夫妇的质朴和善良！仅仅是一步之遥，她没有跌进良心的谴责之中。有时候，一步之遥可以改变一个人的一生，而更多的时候，我们却没有勇气迈出。

我们每个人都应该学会不断反省，从潜意识调整自己的自私心理，才能从源头上杜绝自私行为的出现。我们要把宽容和博爱时刻镌刻在心里，以仁爱之心去爱人。总之，我们需要记住的是，从天使堕落到魔鬼仅一步之遥，从魔鬼升华到天使亦近在咫尺，如何选择只由自己。

探究潜意识自私心理存在的源头

我们发现，在竞争日趋激烈、人们物质追求强烈的现代社会，有这样一些人，他们为了追求自己成功，不惜使用各种手段，使自己的心灵蒙上灰尘。这些灰尘有邪念，有罪恶，但究其本源来说，都是自私。如果不及时醒悟，当他们的心被灰尘蒙蔽的时候，人生就变得黯淡了。现代社会，一些商人为了一己私利不惜损害消费者的利益、健康甚至生命，最终会走上万劫不复之路。而事实上，他们之所以做出这些自私的行为，都是因为他们没有看到自私所带来的负面效应。"点燃别人的房子，煮熟自己的鸡蛋。"这句俗语形象地揭示了那些妨害他人利益者的自私行为。在为人处世的过程中，如果我们时时以自己为中心，一切以自己的利益为出发点，那么，就会损害到别人的利益和情感，这样的人谁不怕？怕的时间长了，也就如同瘟疫一样，人们唯恐避之不及；怕的人多了，也就如过街老鼠一样，人人见之喊打。这样的人即便比别人多捞取了一些利益，也不会获得真正意义上的幸福。

第 13 章
战胜自私心理：与人为善，拓展胸怀

人与人之间的交往都是相互的，你怎样对待他人，他人就会怎样对待你。如果我们只想拥有而不想给予，那将会变成一个自私的人，而自私的人是不会拥有真正的朋友的。所谓"赠人玫瑰，手有余香"就是这个道理。因此，如果你有明显的自私心理，那么你有必要挖掘出那个让自己自私的根源并克服它，只有这样你才能变得更加豁达。

我们先来看下面一个故事：

张三是一个出了名的吝啬鬼。一天，他家来了客人。到了午饭的时间，他只给客人端来一碗稀饭。就在这时，门外来了一个卖熟牛肉的，他的客人也不客气地说："给我买斤牛肉吧，在你家总是喝稀饭。"

听到客人这么说，张三不好回绝，便出去买牛肉去了，让客人在屋内等候。过了一会儿，外面传来了张三与卖牛肉者砍价的声音。

"三块一斤行不行？""不行！"

"五块一斤行不行？""不行！"

"七块一斤总行了吧！""不行不行，一百块也不行！"

张三回来对他的客人说："不知怎么的，他就是不肯卖给我。"客人只好自认倒霉。

晚上他妻子训斥他："你是傻了吧，三块一斤不行，还要七块？"张三说："哪儿呀，我是拿砖头和他换呢！"

这虽是一则幽默故事，却看出吝啬之人的自私。这里，张三的自私就是由他对金钱的错误理解引发的。钱财固然能帮助

我们提高物质生活水平，但金钱并不是万能的。并且对金钱过于苛刻，会破坏人类所固有的仁爱和同情之心，破坏美好的社会关系、伦理关系和道德关系，甚至会对一些社会成员造成精神及肉体上的伤害。

当然，不同的人在自私这一点上有不同的表现，有些人贪财、有些人缺乏同情心等。但无论如何，我们都必须从源头上解决它，才能真正克服自己的自私心理。我们再来看下面一个案例：

中东地区有两个著名的湖泊，它们各有各的特色。其中一个叫加利利海，是一个很大的湖泊，水质清澈甘甜，可以供人饮用。因为湖底清澈无比，连鱼儿们在水中悠游的景象也清晰可见，而附近的居民更是喜欢到此处游泳和嬉戏，加利利海的四周全是绿意盎然的田园景观。因为环境清幽，许多人将他们的住宅与别墅建在湖边，享受这个如仙境般的美丽景致。

另一个名为死海，也是一个湖泊。然而，正如其名，水是咸的而且有一种怪味道，不仅人们不敢来饮用，连鱼儿也无法在这个湖泊中生存。在它的岸边，连株小草都无法生长，更别提人们会不会选择在这里居住。

令人奇怪的是，这两个湖其实是一个源头。后来人们发现，它们会有这么大的不同，是因为加利利海既有入口也有出口，当约旦河流入加利利海之后，水会继续流出去。如此一来，水流不仅生生不息，也会不断地循环更换，水质自然清澈干净。至于死海则只有入口没有出口，当约旦河水流入之后，水就被完全封死在海里。于是，在这个只有进没有出的湖泊中，所有的污水或废水也全部汇聚在这里。因为只知自私地保留己用，最后的结果便如它的名字，成为没有人愿意亲近的死海。

唯有不断流动更替的水才会充满氧气，鱼儿们才会有舒适的生存空间，为湖泊增添生命活力。因为肯付出，加利利海收获了干净的湖水与热闹的人潮。它付出了，自然会得到应有的成果。至于一味地接受而没有付出的死海，结果则是贫瘠。了解了这一特殊的自然现象，生活中那些自私自利的人，还愿意做一个只愿索取不愿付出的人吗？

自私自利之人往往是自我敏感性极高，以自我为中心，对社会、对他人极度依赖与索取，却对他人与社会缺乏责任感的人。我们每一个人，在追求成功的过程中，都不要忘了时时看清自己的心灵。以这样的心态处事，那么我们就能端正自己的行为了。

凡事多替他人着想，逐步克服自私心理

在《三字经》中，有这样一句耳熟能详的话——"人之初，性本善。"意思就是，人在刚刚降临到这个世界上时都是善良的。当然，也有人认为是"人之初，性本恶"，这是一套完全相反的言论。关于这两种观点，几千年来，人们争论不

休却一直没有结果。其实，善恶都不是人的本能，如果人性本善，那么，为什么我们的生活还是有那么多的恶人恶事？如果说人性本恶，那就应该是恶恶相染，恶恶相承，这个世界就不应当有善人善事了。可实际上，我们的这个世界善人善事也一直是源源不断，到处都有。可见，人性本善或人性本恶的说法都是不能成立的。那么，人的本性到底是什么呢？其实是自私。自私，顾名思义，指的是人们在做出某种行为时，其出发点和终点从主观上来说是为了自己，也就是说，只要是一个正常的人，其一切行为都是为了自己。当然，主观上为自己的同时，客观上也常常出现为别人的情况。

自古以来，人们常说："人不为己，天诛地灭。"其实这是对"人本自私"的最好阐述。自私是人类立足于客观世界的某种需要。如果一个人从根本上放弃了自己的欲望或需求，其结果只能是在人与人的竞争中和人与环境的抗争中，精神上和肉体上被淘汰出局。

我们不难发现，一个婴儿来到世间的第一声啼哭，就是渴望获得——我需要食物，我需要父母的养育。这又何尝不是人性的自私面呢？在他未经受家长、学校的教育，没有得到礼仪的熏陶前，他不懂得"孔融让梨"背后的含义，他只知道满足自己的需求。而实际上，"孔融让梨"又何尝不是为了获得某种需求呢？只不过这种需求不是物质上的，而是精神上的。

因此，我们可以总结得出，人类的需求是多样性的，归结起来有物质的和精神的两大类；人为自己谋利的方式也是多样性的，可以归结为直接的和间接的两大类。人们有时偏重于物质需要，有时偏重于精神需要；有时是赤裸裸争取需要（直接方式），有时是拐弯抹角获取需要（间接方式）。

然而，我们说人本自私，并不是人们都应该自私为人。实际上，人的自私本性如果不受节制地超过一定限度，就会变成恶。为一己私欲而伤害他人，为一己私欲而走上万劫不复的道路，其实都是人的自私本性得不到应有节制而导致的结果。任何一个社会人，都有必要控制自己的自私本性。对于那些明显自私的人，对于那些势利的人，人们都是拒绝与其交往的。谁愿意在自己的身边放一颗定时炸弹呢？也没有谁愿意被他人暗算。而如果我们能不求回报地帮助他人，那么就能有所回报，这也是培养友谊的基础。

从前，在一个深山内，有一个小山村。村里的每一个人都起早贪黑地种植稻谷。但不知为何，每年的收成都很低，根本不能解决温饱问题。

后来，有一个农民走出大山，去寻找优质稻种。终于，他发现了高产量的稻种。果然，第一年试种，收成很好。村民们看到他成功了，便想着能从他那里换一些稻种。可这个农民却想，如果大家的稻谷产量都提高了，自己不就不能发财了吗？于是，他拒绝了乡亲们的请求。

第二年，他还是用这个新得到的种子播种，并且他更加勤奋地耕种，谁知产量却很差。后来，他才明白，在稻谷授粉时，风将邻家的劣质花粉接种到他家的优质稻子上了。

此处，你肯定会笑话这个自私又愚昧的农夫。是的，自私狭隘是一切善良美好的事物的威胁，是成功与和谐的天敌。与之形成鲜明对比的是一种善于为他人着想的博大、无私的胸怀。

当然，自古以来，我们身边就不乏正直忠诚者。而这一品质，也正是他们获得荣誉、赢得赞扬的前提条件。

包拯性格严厉正直，对官吏苛刻之风十分厌恶，致力于敦厚宽容之政。虽然嫉恶如仇，但他始终以忠厚宽恕之道推行政务，不随意附和别人，不装模作样地取悦别人，平时也没有私人的书信往来。虽然他官位很高，但吃饭穿衣和日常用品都跟平民一样。他曾说："后世子孙做官，有犯贪污之罪的，不得踏进家门，死后不得葬入大墓。不遵从我的志向，就不是我的子孙。"

在宋代，人们喊他为"包待制"。京城称他："关节不到，有阎罗包老。"哪里有不公，哪里就有包拯。以前的制度规定，凡是告状不得直接到官署庭下。而包拯却打开官府正门，使告状的人能够直接到他面前陈述是非曲直，使胥吏不敢欺骗长官。

包拯在朝廷为人刚毅，人人敬之三分。那些宦官和权臣，都会有所收敛。任瀛州知州期间，各州用公家的钱进行贸易，每年累计亏损十多万银两，包拯上奏全部罢黜。朝中官员和世家望族私筑园林楼榭，侵占了惠民河，而使河道堵塞不通。正逢京城发大水，包拯于是命人将那些园林楼榭全部毁掉。有人拿着地券虚报自己的田地数，包拯也都严格地加以检验，上奏弹劾弄虚作假的人。包拯在三司任职时，凡是各库的供上物品，以前都向外地的州郡摊派，老百姓负担很重、深受困扰。包拯特地设置榷场进行公平买卖，百姓得以免遭困扰。

包拯正直、刚正不阿、为百姓伸张正义，这正是他为什么能流芳百世的原因。生活中，有些人本着"人不为己，天诛地灭"的想法，自私自利。这样的人在获取到小恩小惠的同时，也让自己的品格蒙上了一层阴影。

因此，我们每个人都应该学会控制自己的自私欲，学会塑造良好的品质修养，才能走向人生的阳光大道。因为任何人，如果不具备正直忠诚这一品质，即使具备不平凡的智慧，也只是小聪明而非大智慧。人生的路只会走得越来越窄。

人的本能并不是善恶，而是自私。人要生存，要活好，要发展，就不能不谋求自己的利益。谋取个人的正当利益，是每个人的权利和责任，应该受到尊重，不应被贬斥为自私。然而我们在承认人本自私的同时，还应该控制过度的自私。学会多为他人考虑，才能获得更高阶段的需求，成为一个成功的人。

相信自己，你可以拥有大海一般的胸怀

有人曾说，世界上最宽阔的是海洋，比海洋更宽阔的是天空，比天空更宽阔的是人的胸怀。人与人的交往中，难免会

产生一些人际冲突，你是心生愤恨，还是一笑而过？一个人是否具有宽广的胸怀，是判断这个人人品的重要标志之一。如果具备宽广的胸怀，这个人无论何时何地都会受到大家的欢迎。如果这个人心胸狭窄、小肚鸡肠，那么很难拥有良好的人际关系。胸怀是做人的肚量，也是一种境界。宰相肚里能撑船的故事就说明了这一人生哲理：

三国时期的蜀国，在诸葛亮去世后，是由蒋琬主持朝政的，他很受朝廷和百姓的爱戴。

曾经，他有一个属下叫杨戏，性格内向，不善言谈，即使是上司蒋琬与他谈话，他一般也只是点头不语。对此，很多人看不惯，甚至在蒋琬面前嚼舌根子："杨戏这人对您如此怠慢，太不像话了！"蒋琬坦然一笑，说："人嘛，各有秉性，他不喜欢在我面前赞扬我，也不喜欢在我面前让我下不来台，所以沉默应该是最好的选择吧。其实，这不正是他的可贵之处吗？"蒋琬的这种气度被后人赞为"宰相肚里能撑船"。

蒋琬的话是正确的。不同的人有不同的秉性，真诚地表达自己，才是为人的可贵之处。世界上的任何人和事，都没有绝对的是非善恶。宽容别人，就是尊重别人。即使犯了什么错，也不要一棍子将人打死，谁没有犯错的时候？

有句话说："谨慎使你免于灾害，宽容使你免于纠纷。"宽容是一种高尚的善意，它能使人换位思考，处理好人际关系。若无宽恕，生命将永远被永无休止的仇恨和报复所控制。只有善于团结，才会得到友善的回报！历代圣贤都把宽恕容人作为理想人格的重要标准而大加倡导。《周易》提出"君子以厚德载物",荀子主张"君子贤而能容罢,知而能容愚,博而能容浅,粹而能容杂"。学会了宽容,同样也是学会了处世。人是社会的人。世间并无绝对的好坏,并且往往正邪善恶交错,所以我们立身处世有时也要有清浊并容的雅量。佛家有云:"精明者,不使人无所容。"我们常说的"得饶人处且饶人",也是这个道理。事实上,宽容并不代表无能,而恰恰是一个人卓识、心胸和人格力量的体现,即所谓"海纳百川,有容乃大"。

有一天早上,在一所寺庙里,一位法师正好要开门出去。恰巧一个彪形大汉闯进来,狠狠地撞在法师的身上,并撞碎了法师的眼镜。谁知,这个大汉不但没有道歉,反倒说:"谁叫你戴眼镜的?"

令大汉奇怪的是,法师不但没有生气,反而笑了笑,不语。于是他问:"喂!和尚,为什么不生气呀?"

法师向大汉解释道:"为什么一定要生气呢?生气既不能使眼镜复原,又不能让脸上的瘀青消失,苦痛解除。再说,生气只会扩大事端,若对你破口大骂或动粗打斗,必定会造成更多的业障及恶缘,也不能把事情化解。"随后,法师继续说:"若我早一分钟或迟一分钟开门,都会避免相撞,或许这一撞也化解了一段恶缘,还要感谢你帮我消除业障呢。"

大汉听完这一番话后,十分感动。后来,他又问了许多佛的问题及法师的称号。在法师的一番教导之后,他若有所悟地离开了。

事情过了很久之后,法师接到了一封挂号信,信内附有五千元钱,正是那位大汉寄的。

大汉为什么要给法师寄钱?原来,事情是这样的:大汉在读书时,不知勤奋努力。毕业之后,从事的工作也一直高不成低不就,十分苦恼。结婚后,因为不善待妻子,婚姻生活也不幸福。有一天,他上班时忘了拿公事包,中途又返回家去取,却发现妻子与一名男子在家中谈笑。他冲动地跑进厨房,拿了把菜刀,想先杀了他们,然后自杀,以求了断。

不料,那男子惊慌地回头时,脸上的眼镜掉了下来。瞬间,他想起了法师的教诲,慢慢地使自己冷静了下来,反思了自己过错。

现在他的生活很幸福,工作也得心应手了,妻子也觉得他变了一个人。因此,他特寄来五千元钱,一方面为了感谢法师的恩情,另一方面也请求法师为他们祈福消业。

法师的宽容带给了大汉觉悟,教会他用一颗宽容的心去对待别人。宽容是一条环环相扣的纽带,让我们彼此相连,让我们认清彼此,珍惜生命。宽容不仅是"海量",更是一种修养促成的智慧。事实上,只有那些胸襟开阔的人才会自然而然地运用宽容。

日常生活中,令人烦恼的事情时有发生。有时,不经意间,它就会突然出现在你面前,使你感到不快和厌烦。有时,它还有可能在你的心灵深处造成重创,甚至威胁你的生活。

那么，生活中的人们，我们该如何扩展自己的心胸呢？

1. 树立共赢观与换位观

在交往中，如果与人产生了摩擦，应当把自己和对方所处的位置关系交换一下。站在对方的立场上，以他的思维方式或思考角度来考虑问题。这样，当你本来想发怒的时候，通过换位思考，你的情绪就会平静下来；当你觉得对方不可理喻的时候，通过换位思考，你会真切地理解他此时此刻的感受；通过换位思考，你也会变得宽容。比如，你可以尝试着说服自己：他之所以这样做，是有一定缘由的，我应该原谅他。然后慢慢地让自己冷静下来，从心底理解和原谅他人，进而让仇恨情绪随着时间的推移逐渐淡去。

2. 常反省

任何一种品质和修养，都是在不断改正与积累中形成的。你不妨每天问问自己：今天我因为心胸狭窄与人争执了吗？我还有哪些地方做得不好？经常这样问自己，你的心便会越来越宽广！

3. 懂得忍耐

很多时候，我们都需要宽容。宽容不仅是给别人机会，更是为自己创造机会。只有忘记仇恨，宽宏大量，才能与人和睦相处，才会赢得他人的友谊和信任，才会赢得他人的支持和帮助。念念不忘别人的"坏处"实际上最深受其害的就是自己的心灵。

一只脚踩扁了紫罗兰，它却把香味留在那脚跟上，这就是一种胸怀，是一种修养，一种坦荡，一种豁达。荷兰的斯宾诺莎说过："人心不是靠武力征服，而是靠爱和宽容大度征服的。"宽容犹如一缕阳光，亲切，明亮，使世界呈现出一片美好的景象。

第 14 章

戒除不良习惯：破除坏习惯，才能建立好习惯

心理学让你
内心强大

控制情绪，从调整心态开始

哲人说，太阳底下的痛苦，有的可以解决，而有的则不能，如有就去寻找，如无就忘掉。我们都知道，天有不测风云，人有旦夕祸福。我们应该学会承担生活的不如意，而不是一遇到事就发脾气。当然，每个人都有脾气，因此控制自己的脾气也需要一个过程。每个人的自控能力不是立刻就能形成的。不良情绪的自控，需要我们从调整心态开始。

的确，有时候，有些事调整一下心态，一切就会不同。

从前，有一对孪生姐妹，姐姐嫁给了一个有钱人，过上了锦衣玉食的生活，但她似乎并不快乐。妹妹则嫁给了一个开豆腐作坊的穷人。有一天，闲来无事的姐姐想去看看妹妹过得怎么样。她来到妹妹家，看到妹妹正在辛勤劳作，却还唱着歌儿。姐姐恻隐之心大发，说："你这样辛苦，只能唱歌消烦，我愿意帮助你，让你们过上真正快乐的生活。谁让我们是姐妹呢？"说完，她放下了一大笔钱，送给妹妹。

这天夜里，姐姐回到家后，躺在床上想："妹妹不用再这么辛苦地做豆腐了，她的歌声会更响亮。"

第二天一早，姐姐又来到作坊，却听不到妹妹的歌声了。

第 14 章
戒除不良习惯：破除坏习惯，才能建立好习惯

她想，妹妹可能激动得一夜没睡好，今天正睡懒觉呢。

但第三天、第四天，还是没有歌声。姐姐觉得很奇怪。就在这时，妹妹拿着姐姐给自己的钱找到了姐姐，着急地对姐姐说："我正要去找你，还你的钱。"姐姐问："为什么？"

"没有这些钱时，我每天做豆腐卖，虽然辛苦，但心里非常踏实。每天晚上，能和丈夫、孩子一起数今天赚了多少钱。而自从拿了这一大笔钱，我和丈夫反而不知如何是好了——我们还要做豆腐吗？不做豆腐，那我们的快乐在哪里呢？如果还做豆腐，我们就能养活自己，要这么多钱做什么呢？放在屋里，又怕它丢了；做大买卖，我们又没有那个能力和兴趣。所以还是还给你吧！"

姐姐非常不理解，但还是收回了钱。第二天，当她再次经过豆腐坊时，听到里边又传出了小夫妻俩的歌声。这时，她似乎知道为什么妹妹过得比自己幸福了。

看完这个故事，有些人可能也有所感悟。的确，金钱、权力、地位都不是我们幸福的源泉。换个思维方式，专注、体会身边的幸福生活，并不断感悟，我们的幸福指数才不断上升。

美国的一位心理专家说："我们的恼怒有80%都是自己造成的。"而他把防止激动的方法归结为这样的话："请冷静下来！要承认生活是不公正的，任何人都不是完美的，任何事情都不会按计划进行。"

意大利著名的皮衣商安东尼·迪比奥谈到自己成功的经验时不无感慨地说："其实，我并不是一个天生的成功者，许多

人都比我更聪明、更有才华。我唯一比他们强的只不过是我更擅于控制自己的情绪罢了。我很冷静，从不为那些情绪化的事情浪费时间和精力——我的意思是说，我享受不起那种感伤。"

然而，现实生活中，却有一些人特别容易情绪化。遇喜则喜，遇悲则悲，如遇不满，甚至破口大骂，很多不文明的举动相继爆发出来，形象全无。事实上，在日常工作和生活中，令我们生气的事实在太多，我们根本没必要去愤怒。我们大可以把关注的视角放在事物的另外一个方面，对这一方面的联想往往能使我们心平气和下来。长此以往，你便能修炼良好的心性。而所谓的心性，其实就是一个人的善恶成分，好与坏，正确与错误，如何判断自我与外界关系的一种综合反映。

事实上，心性好坏与否，对于他人而言所产生的影响力倒是次要的，它最重要的是对个人心态的影响。而个人心态直接影响的是个人的命运、成败得失、是否幸福等。

心态积极的人，他们的眼里都是美好的事物，比如阳光、欢乐、温暖、健康。当他们遇到危险的时候，他们会有回避的能力。因此，他们有意愿并且有能力把日子过得顺心，就算是遇到挫折，也能自我调整，能够较自然地处在一种对事物的全面理解中。相反，那些心态消极的人，很明显，因为他们关注的视角不同，他们的生活是不幸福的。

具体来说，你可以这样做：

1. 积极的语言暗示

在日常生活中，我们运用语言的情况多半是与人交谈，而其实，语言还有其他很多的作用，其中就包括心理的暗示。语言暗示对人的心理乃至行为都有着意想不到的作用。

为此，当你心有不快，想要通过发火的方式来宣泄时，你可以通过语言的暗示作用来调整自己，使自己的不快得到缓解。达尔文说过："人要是发脾气就等于在人类进步的阶梯上倒退了一步。愤怒是以愚蠢开始，以后悔告终。"比如，你的朋友做了伤害你的事，你很想找他理论，并将他骂一顿。那么此时，为了不让事情发生严重的后果，你可以在冲动前告诉自己："千万别做蠢事，发怒是无能的表现。发怒既伤自己，又伤别人，还于事无补。"在这样的一番提醒下，相信你的心情会平复很多。

2. 放松，调整自己

生活中，如果你总是遇到一些令你不快的事，憋在心里只会让自己心情更郁闷。此时，你也可以找个发泄的方式，但一定要注意你的发泄是否会影响到他人。因此，最好的方式就是到一个无人的地方大喊几声，或者去从事一些体力劳动或去操场锻炼身体。当你的这些心理压力通过身体活动转换成汗水以后，你会发现，你的心情会好很多，气也就顺些了。当你生气的时候，你也可以拿出小镜子，看看生气时候的你是多么难看，那么不如笑笑。你笑，镜中也笑，苦中作几次乐，怨恨、愁苦、恼怒也就没有了。

另外，你可能会认为，一个坚强的人就不应该哭，哭是懦弱的。而其实并不是如此，在过度痛苦和悲伤时，哭也不失为一种排解不良情绪的有效办法。哭不仅可以释放身体内的毒素，还能释放能量，调整机体平衡。在亲人和挚友面前痛哭，是一种真实感情的爆发。大哭一场，痛苦和悲伤的情绪就会减少许多，心情也就痛快多了。流眼泪并非懦弱的表现。所以你该哭当哭，该笑当笑，但要把握好一个度，否则会走向反面。

3. 自我激励，原谅对方

激励是人们精神活动的动力之一，也是保持心理健康的一种方法。当周围的人让你生气时，你不妨自我激励，告诉自己，如果我原谅他了，我的品格就又提升了一步。这样做自然就压制住了要发火的倾向。

4. 创造欢乐法

心绪不佳，烦恼苦闷的人，看周围一切都是暗淡的，看到高兴的事也笑不起来。这时候如果想办法让自己高兴起来，笑起来，一切烦恼就会丢到九霄云外了。笑不仅能丢掉烦恼，而且可以调解精神，促进身体健康。

每个人都有不良的情绪，这很正常。但对于这一负面体验，我们要学会调控。那些自控能力差的人多半都会选择宣泄自己的不良情绪，久而久之，他们会赶走身边所有的朋友。当然，对于不良情绪，我们也不能压抑在心中，正所谓"堵不如疏"。调整一下心态，我们看到的就是完全不同的世界。

烟酒伤身，要戒除对其依赖的心理

生活中，大多数人都知道烟酒对身体的危害。但不得不承认的是，我们周围，还是有很多人每天与烟酒为伍，甚至当烟酒已经对他们的健康产生威胁时，他们还是无法放弃烟酒。这是为什么呢？因为在常年的烟酒生活中，他们已经产生了依赖心理。我们经常看到一些男士，茶余饭后朝沙发上一躺，继而点上一支香烟，吞云吐雾的，美其名曰："饭后一支烟，赛过活神仙。"待人接物、走亲访友等社会活动，无一不是烟酒搭桥……当他们的家人问为什么要抽烟喝酒时，他们会回答："没办法，应酬。"其实，这都是依赖心理在作怪。当你已经习惯了吃饭喝酒、饭后抽烟的生活后，你还能轻易地戒除吗？因此，要想戒烟戒酒，很多时候，你需要先戒除的是这种依赖心理。

古今中外有很多名人，他们对烟酒都有不同程度的嗜好，而最终能戒烟戒酒的也不在少数。他们的戒烟戒酒故事在成为后人的美谈之时，也带给了人们很多的启示。以下就是名人们戒烟的故事：

乾隆戒烟：乾隆皇帝很喜欢吸烟，几乎一有空闲时间就吸烟，后来经常咳嗽，请太医治疗。太医说，皇上的咳嗽缘于吸烟伤肺，若要治咳，必须先戒烟。乾隆很听太医的话，戒了烟，咳嗽也很快治愈了。

马克思戒烟：马克思一度烟瘾很大，他常常一边工作一边

吸烟，甚至是烟不离手。后来，他工作的稿费也不能支付他的雪茄钱。再后来，在流亡巴黎和伦敦时，他不得不靠典当度日，但仍然需要雪茄。为早日完成《资本论》，马克思夜以继日地工作，身体健康受到严重损害。医生告诫他：要完成工作，必须将烟戒掉。马克思为了事业，硬是下决心把烟戒掉了。

严修戒烟：数十年前，南开大学的主要创办人严修至40岁时坚决戒烟，并且还提倡戒烟"先从自身戒断，而后以戒他人"的主张。

当然，除了戒烟以外，还有很多名人成功戒酒。无论是戒烟还是戒酒，都需要我们有很强的自控能力。因为对烟酒的依赖多半属于心理的依赖，克服心理障碍，你就能成功戒除。

那么，具体来说，我们该如何戒除对烟酒的依赖心理呢？

1. 戒烟

我们都知道，香烟中的尼古丁是危害人类健康、引发癌变的一种危害物质。然而，它也是一种能很快让人上瘾的物质。从现在起，如果你能做到以下几点，那么，你在3~4个月内就可以成功戒烟。

（1）将你曾经用过的打火机、烟灰缸以及现在正在抽的香烟都扔掉。

（2）餐后多喝水、吃水果或散步，摆脱饭后一支烟的想法。多喝水能帮助你代谢体内的尼古丁，你对香烟的渴望也就会消减很多。

（3）烟瘾来时，尽量推迟。不管你手头是否有烟，上瘾时其实往往就是那几分钟的工夫，只要熬过去就好了。你可以尝试做深呼吸，这个动作类似吸烟，可以使你松弛些。

（4）坚决拒绝香烟的诱惑。经常提醒自己，再吸一支烟足以令戒烟的计划前功尽弃。

（5）寻求帮助。你可以让你的朋友监督并奖励你。当你想抽烟时，让他们提醒你不要放弃，而当自己成功戒烟一段时间后，可以让他们给你买个礼物。

（6）避开吸烟环境，这点很重要。当你的朋友吸烟时，你最好离开现场，等他抽完再进行谈话，以免控制不住自己。同时，尽可能多去禁烟场所，如电影院、博物馆、图书馆、百货商店等。

（7）低热量饮食。可以多吃些新鲜水果、常嚼些脆的蔬菜或口香糖。因咖啡和酒类会诱发烟瘾，均应避之。

（8）加强锻炼。选择任何体育活动均可。即使如饭后散步这样强度不大的活动也会帮助你消除紧张感，把注意力从吸烟转移并集中于其他事情上。

（9）奖赏自己。将过去本应买烟的钱存起来，几个月后给自己买一份别致的礼物或漂亮的衣服，你会感觉这更值得并且更有意义。

但应记住，以上措施可能会对你戒除烟瘾有一定帮助，但真正戒掉烟还是要靠你自己的决心和毅力。

2. 戒酒

曾经有人对酒做了经典的总结："酒，装在瓶里像水，喝到肚里闹鬼，说起话来走嘴，走起路来闪腿，半夜起来找水，早上起来后悔，中午酒杯一端还是挺美。"这句话也鲜明地展现了酒精依赖者的心态。本来，适量饮酒可以减轻人的疲劳，使人忘却烦恼，令人心情舒畅，增加社交活动和节日中的欢聚喜庆气氛。但是，过量饮酒，以至饮酒成瘾，不仅危及自己的健康和家庭的幸福，也会对社会造成种种危害。要彻底戒除酒瘾，关键是当事人必须真正认识到过量饮酒的危害性，决心戒酒。

苏轼平日里就爱喝点小酒，但他的体质却很不适合酒精这种物质。被贬黄州期间，他曾因喝酒发病，两眼通红，右眼几乎失明；再贬至惠州时，仍以酒为伴，又诱发痔疮，卧床两个月；三贬海南时，又在不良情绪中饮酒导致痔疮，并热毒及脏，用药不灵。

幸亏懂得养生之道的胞弟苏辙赶来看望，耐心劝慰，还特为他朗读陶渊明《止酒》一诗，恳劝其从此戒酒。

感动中的苏轼，立马写下《和陶止酒》一诗。诗中云："从今东坡室，不立杜康祀。"自此，苏轼除留下一个荷叶杯作纪念外，其余多年积存的酒具，通通卖掉。

如果你想成为一个让人敬重的人，如果你想成大事，你就一定要有毅力。毅力就是从控制自己的口腹之欲开始的。如果你是个对烟酒有依赖心理的人，那么你必须要用坚强的毅力戒除它。

停止幻想从小事做起

我们都知道，将任何有意义的事情做好，是成功的预兆。因为你比别人多付出，你在实际工作中也比别人想得更周到。成就绝非朝夕之功，凡事必须从小做起，只要有意义。生活中的任何一个人，都要抛弃所有的借口。记住：你不会一步登天，但你可以逐渐达到目标，一步又一步，一天又一天。别以为自己的步伐太小，无足轻重。重要的是每一步都踏得稳。

然而，我们的生活中却有一些人，他们习惯于做"白日梦"。对于未来，他们想得多，做得少；激动得多，行动得少。并且，他们已经产生了一种陋习，一种依赖心理，他们往往管不住自己的大脑，总是没有恒心，见异思迁，心绪不宁；总想不劳而获，成天无所事事，脾气大，忧虑感强烈。为此，一定要克服这一心理，让自己的心沉静下来。

哲学家苏格拉底有着非同常人的智慧，为此，很多人都来向他求教。

一天，学生们问他："老师，我也想成为和您一样的大哲学家，但我怎样才能做到呢？"

苏格拉底说："很简单，只要每天甩手300下就可以了。"

有的学生说："老师，这太简单了，别说是甩手300下了，就是3000下、30000下也可以啊！"苏格拉底笑了笑没有说话。

一个月过去了,苏格拉底问:"那么,有多少同学每天坚持甩手300下啊?"很多学生都骄傲地举起了手,大概有90%的人。

又一个月过去了,苏格拉底又问:"还有多少同学在坚持啊?"这回举手的学生比上次少了10%。

时间一天天地过去了。一年以后,苏格拉底还重复着同样的问题:"还有同学在坚持每天甩手300下吗?"此时,大家都低下了头,因为他们都没有做到。这时,一名同学举起了手,他的名字叫柏拉图。他后来也成为了像苏格拉底一样的大哲学家。有人问他成功的秘诀是什么,柏拉图微笑着说:"甩手,而且甩得足够久……"

这个哲理故事同样告诉生活中的每一个人,无论做什么事,如果你想成功,就要脚踏实地,从小事做起。没有人生下来就是伟大的。每天坚持做同一件小事也很不容易,就像每天甩手300下,一个月大部分人能坚持,一年过去了却只有一个人能坚持。只有柏拉图这种坚持不懈的精神,才能成为像他和苏格拉底一样成就伟大事业的人。当你认真对待每一件小事,你会发现自己的人生之路越来越广,成功的机遇也会接踵而来。

一个自考毕业的男孩去应聘一家外贸公司的经理秘书职位。但是,公司却给他安排了一个行政部文员的职位。男孩想了一下,觉得只要自己耐心做好文员的工作,也一样很好。于是,他就答应了。男孩的工作是负责接待客人和复印、打印等

第 14 章
戒除不良习惯：破除坏习惯，才能建立好习惯

琐事。同事们总是把一些需要复印和打印的文件一股脑儿地堆在男孩的桌子上，然后告诉他哪些需要复印、哪些需要打印、每种各需要多少份。男孩总是耐心地记录着各种要求，然后认真仔细地做。

有好几次，男孩的认真检查使公司避免了遭受损失。因此，男孩真的被提拔为经理秘书了。他是这样对人说的："工作虽然简单，但是只要有超凡的耐心和细心，就会取得成功。"

生活中的年轻人，倘若你也能像男孩一样，具备这样的忍耐力，你就能在平淡中积聚实力，最终实现自己人生的腾飞。正如一句名言所说："一个人如果想要获得成功，就必须付出与之相应的自我牺牲。如果期望的是较大的成功，就需要付出较大的自我牺牲，如果还想取得更大的成功的话，那就意味着更大的自我牺牲。"

我们每个人都有自己的梦想，都希望能做出一番成绩来，但现实告诉我们，必须要从最基础的工作入手。这对于那些喜欢幻想的人来说，无疑是更高层面的挑战。艾森豪威尔说："在这个世界，没有什么比'坚持'对成功的意义更大。"的确，世界上的事情就是这样。成功需要坚持。雄伟壮观的金字塔的建成正是因为它凝结了无数人的汗水；一个运动员要取得冠军，前提就是必须坚持到最后，冲刺到最后一瞬。如果有丝毫之松懈，就会前功尽弃，因为裁判员并不以运动员起跑时的速度来判定他的成绩和名次。

那么，我们该如何做到脚踏实地呢？

1. 比较时要知己知彼

"有比较才有鉴别",通过比较,人们能看到更真实的自己。但比较,一定要知己知彼。只有做到从多方面比较,才能看得全面,否则,你得到的结果就是虚假的。如果人们都能这样比,那么自然就少了很多不平衡的心理,也不会感到无所适从。

2. 要有务实精神

务实其实就是脚踏实地,不浮躁。只有打好基础知识,你才能开拓其他领域,否则一切都是花架子。

3. 遇事善于思考

考虑问题应从现实出发,而不能意气用事。学会站在全局的角度看问题,你就能看得更远,寻找出最好的解决方法。

我们任何一个人,要想获得成功,就要秉持着今天要比昨天好、明天要比今天进步的态度。每天实实在在地去努力。我们生存的目的与价值,不就存在于那努力不懈的付出、脚踏实地的行动,以及兢兢业业的求道中吗?只有让每一天都过得踏实认真,我们才能实现自己的人生价值。对于一去不复返的人生,不能有丝毫浪费,要以诚恳认真到"异常"的方式去度过。这种看来傻得可以的生活态度,如果能长期坚持下去,任何一个平凡的人都能蜕变成超凡的人物。

参考文献

[1] 壹心理. 反脆弱：做一个内心强大的人[M]. 广州：广东人民出版社，2017.

[2] 卡耐基. 做内心强大的自己[M]. 孙晶玉，译. 北京：新世界出版社，2012.

[3] 墨墨. 修心：做内心强大的自己[M]. 北京：北京理工大学出版社，2012.

[4] 塔勒布. 反脆弱：从不确定性中获益[M]. 雨珂，译. 北京：中信出版社，2014.